U0652587

清白传家

长沙传统家规家训家风

中共长沙市纪律检查委员会
中共长沙市委宣传部
长沙市文化广电新闻出版局
主编

湖南人民出版社

编　委　会

清白传家

长沙传统家规家训家风

穿越历史的回响

蔡亭英

也许是尘封了太久，又或许是习惯了淡漠，当传统家规家训家风再次进入现代人的生活，在体悟其醇厚绵长的同时，我们宛若又听到了穿越历史的声声回响，直击心灵，浸入肺腑……

与正统的"经史子集"不同，传统家规家训一直以一种相对隐秘的方式在中国民间生长繁育、传承发展。也正因为如此，家规家训究竟源自哪朝哪代，已不可考。周公在《尚书·无逸篇》中对其侄子成王的告诫之辞，孔子对儿子孔鲤的庭训之语，一直被认为是传统家规家训的源头。而北齐颜之推作《颜氏家训》二十篇，被后人誉为"家训之祖"。

在中国古代，家规家训家风三者是有区别的。"规"主要指一个家庭所制定的行为规范，"训"主要指对子孙立身处世的教诲，而"风"则体现一个家庭整体的道德风貌。"规""训"是有形的规范，"风"则是无形的传统。在现实生活中，"规""训"又常常互通互见。

在中国人的日常语境中，无论官方还是民间，"国有国法，家有家规"都是一个非常高频的词语。将"家规"与"国法"相提并论，可见家规家训家风在古代家庭（家族）治理中的重要性。

家规家训家风的首要功能是"齐家"，即对家庭实行有序管理。而在"齐家"之外，其还有另一个重点，即"修身"。在长期的治家实践中，古人逐渐明白，"齐家"其实不能单纯依靠制度的"他律"，更需要家庭每一个成员发自内心的"自律"。因此，在"规""训""风"之中，往往融入了诸多关于道德熏陶的内容，包括树立基本价值观、培养道德意识、造就人格美德等。而在古代，并不是所有人都有机会接受正规的"礼义廉耻"教育，基于家规家训家风的家庭教育自然就成为道德教育的重要形式，同时因其覆盖的广泛性，实际上起到了支撑整个社会道德体系的基石作用。

"格致诚正，为修身而设；齐治均平，自修身而推。"（语出《宁乡荥阳潘氏家训》）传统家规家训家风的功能，其实还不仅限于"修身"和"齐家"，更关系到"治国"和"平天下"。因为在古人看来，家是国的基础，国是家的延伸，家国同构，家国一体，治理家庭的道理完全可以推之于社会实践的其他范围。这样一来，家庭实际上成了古人修身求学的"讲习所"，也是其入仕为官的"实验场"，以"驭家"之道"治国""治学"，由"立德"而至"立功""立言"。

"一时之语，可以守之百世；一家之语，可以共之天下。"传统家规家训家风得以累世传承，其核心内容必须经得起时间考验。这些内容可能被消溶在琐碎的洒扫应对、养生送死之中，但其中却往往蕴含着一个国家、一个民族最质朴的生存智慧和人生哲学。特别是其作为一家一族之学问和精神，能于方寸之地，养成处世公心，更不可等闲视之。不过古今有别，不可不察。如何批判的继承，更考验我们现代人的智慧。

长沙是历史文化名城，人文积淀异常丰厚，这些都为长沙传统家规家训家风的形成和发展提供了绝佳的人文环境和充足的精神给养。在长沙范围内，但凡大家大户、名家望族，此前基本上都形成了各自成文的"规训"，只是因为世事多变，世易时移，其中相当一部分被毁坏殆尽，又或被束之高阁，讳莫如深。"乱世藏金，盛世修谱"，只是随着近年来民间谱牒重修，世人才又逐步得以重见。

现存的长沙传统"规训"，大都冠以"规""训""范""诫""教"之类。也有少数，直接以其主旨内容作为标题，如宁乡童氏的《守成训语》、平冈周氏的《辨耻琐言》等。宁乡洪氏的《勤务歌》，是以"歌"的形式留存下来的"规训"，很有特色。

长沙各家各姓的"规训"，其传承脉络大体是清晰的。只是经过几代人甚至几十代人的传承编修，其最初的缘起和作者大都不详。

久而久之，这些"规训"就成了整个家族集体智慧的结晶。当然，这其中也不乏大家名家之作，如被沩宁易氏奉为传世家训的《根本论》，就出自南宋理学家易祓之手。

长沙传统"规训"的内容，主要是强调敦孝悌、笃宗族、和乡党、明礼让、务本业、尚节俭等。当然，随着时代的发展，其也会融入一些新的内容。如长沙县陈氏家训就专门列有"强国力"一条，明确提出"俾子弟咸知身与国家之关系，化除私见，结合团体，则由一族以至各族，人人皆有护国之念"，彰显了浓郁的家国情怀。

长沙传统"规训"的语言极具特色，或言简意赅，寥寥数语，纲举目张；或论述详尽，铺陈转合，义理明晰。如长沙县郑氏家训中关于"及早行孝"的论述，就极其贴切而生动："故孝道无尽，及时为贵，无使亲年日短而悔读书之不早，无使子力日裕而伤吾亲之不逮。为父母者，待子能养或成名时，大约五六十岁矣，譬如持短烛而行路，奔趋投店尚恐不及，况敢逍遥中路哉。"

除引经据典外，长沙传统"规训"还融入了诸多民间谚语，这也使其具有较强的地域特色。如望城汪氏家训引用"六月炉边铁匠，三冬水上渔翁，渠非不知畏苦，只因业在其中"来阐述"耕读在勤"的道理，而芙蓉区黄氏家训则以一句"正所谓屋檐水点点滴者也"，将"孝悌相传"的因果之道表述得极其简洁明了。

至于流传于长沙一地的传统家风故事，其主旨也多是倡导人们向上向善。特别是因长沙名人古迹甚多，很多传统家风故事都与名人古迹相关，如陶侃的"陶母退鱼"、欧阳氏的"画荻课子"等。当然，这其中也有一些家风故事，实际上已经将技艺传承与家风传承融为一体，相辅相成，如浏阳江氏正骨世家的"仁心仁术"、于氏铁艺世家的"仁义诚信"等。

习近平总书记曾多次强调："不论时代发生多大变化，不论生活格局发生多大变化，我们都要重视家庭建设，注重家庭，注重家教，注重家风。"长沙市纪委、市委宣传部、市文广新局编辑出版《清白传家——长沙传统家规家训家风》一书，其初衷主要是想从源远流长的传统文化中汲取营养，助推党员干部家风建设。而党的十九大明确提出，要坚定文化自信，发展"民族的科学的大众的社会主义文化"。传统家规家训家风因其传承的民间性和传播的大众化，其精华部分理应成为中国特色社会主义文化不可或缺的组成部分。从这个意义上来讲，传统家规家训家风重新受到追捧推崇，或许就不只是"回响"，而是意味着一种真正意义上的"回归"。

是为序。

（作者系湖南省纪委常委，长沙市委常委、市纪委书记、市监察委主任）

目录

家风故事

清白传家

家规家训

长沙传统家规家训家风

芙蓉区陈氏（颖川堂）^① 家训

要孝，父母面前无违拗，在生不见子承欢，死后念经有何效，尔子在旁看尔样，忤逆之人忤逆报。当知孝。

要悌，兄长面前无使气，手足痛痒本相关，你尖我妒终何益，有酒有肉朋友多，打虎还是亲兄弟。当知悌。

要忠，富贵贫贱本相同，譬如替人谋一事，能尽其心便是忠，一点欺心天不依，弄得钱来转眼空。当知忠。

要信，一诺千金人所敬，譬如约人到午时，不到未时终是信，若是一事不践言，下次说来人不听。当知信。

要礼，循规蹈矩无粗鄙，先生长者当尤尊，子弟轻狂人不敢，况我侮人人侮我，到底哪个饶了你。当知礼。

要义，事大遇功无不及，譬如一事本当为，有才也要留余地，不如好事不向前，懦弱何无男子气。当知义。

---

① 芙蓉区陈氏（颖川堂）：光绪二年（1876），陈氏建宗祠于长沙戥子桥，堂号"颖川"。而其族人、清末方志学家陈运溶曾长期居住在肇嘉坪（今属长沙市芙蓉区定王台街道）。

要廉，百般有命只由天，口渴莫饮盗泉①水，家贫休要昧心钱，巧人诈得痴人谷，痴人终买巧人田。当知廉。

要耻，好汉原来一张纸，含羞忍辱骗得来，哪知背后有人指，寄语男儿当自强，甘居人下何无耻。当知耻。

清末戥子桥陈氏宗祠旧影

① 盗泉：古泉名，故址在今山东泗水县东北。古籍中有："（孔子）过于盗泉，渴矣而不饮，恶其名也。"《淮南子》说："曾子立廉，不饮盗泉。"后遂称不义之财为"盗泉"，以不饮盗泉表示清廉自守，不苟取也不苟得。

芙蓉区黄氏①家训（节选）

孝父母。鞠育②之德，罔极③难酬，始而教读，继而婚娶，所以致望于其子者甚奢。故有读书成就，显亲扬名，及效职戎行，克勤王事，俾④父母荣膺封诰，此大孝不匮，乃世间第一等人，固为难得。即农工商贾，食力自甘，未能于父母多所光宠，亦必时殷⑤色养⑥，起居出入，定省无远⑦。倘言语撞直，事奉疏虞⑧，私妻子，好货财，饮酒博弈，纵耳目之欲，以贻父母忧惧，扪心清夜，何以自安？谚曰："孝顺还生孝顺子，忤逆还生忤逆儿。"此循环之理，正所谓屋檐水点点滴滴者也。各有心肝⑨，其细玩⑩之。

和兄弟。手足之情，关系甚重。少同胞胎，长同居处，固贵有

---

①芙蓉区黄氏：黄氏在芙蓉区分布较多，此处收录的是湖南黄氏二修世谱的《黄氏总祠家训》。

②鞠育（jū yù）：抚养、养育。

③罔极：此处指人子对于父母的无穷哀思。

④俾（bǐ）：使。

⑤时殷：每时每刻都殷勤服待（父母）。

⑥色养：承顺父母颜色，尽奉养之道。

⑦定省无远：定省，子女早晚向亲长问安；无远，不远游。

⑧疏虞（shū yú）：疏忽，失误。

⑨心肝：指儿女。

⑩细玩：细细体味。

无与共，患难相维。乃当嫁娶成行，恩情渐薄，往往听枕边低声谮诉^①，信小人暗地刁唆，或争财产，或较短长，以致入室操戈，自相鱼肉，出是阋墙^②有衅，外侮频乘。为兄弟者，方且束手旁观，藉他人之势力，以自快其私仇，甚至从中播弄，为落井下石之谋，骨肉相残，无复恩谊，此乃家门大不幸也。诗曰："兄弟同居忍便安，莫因毫末起争端，眼前生子又兄弟，留与儿孙作样看。"再三讽诵^③，自当猛省。

端闺蜜。治平之化，始于修齐。夫妇敌体，固贵调和琴瑟，鱼水成欢，然必御之有道，方无司晨之患^④，中构^⑤之羞。苟行己无耻^⑥，比童宿妓，甚至招集匪党，开场赌博，夤夜^⑦呼卢^⑧，令妻妾递酒行茶，希图射利^⑨欺人，其实开门揖盗。而为妻妾者亦遂肆行，罔忌从前之姆训^⑩，漠不加怀，招引三姑六婆，酬愿看会，藉游宴之场，遂勾通之约，墙茨^⑪之讥所由来矣。孟子曰："身不行道，不行于妻子。"切要之言，最宜潜玩^⑫。

---

① 谮诉（zèn sù）：谗毁攻讦。
② 阋墙（xì qiáng）：指兄弟之间不和。
③ 讽诵：朗读，诵读。
④ 司晨之患：此处指女人篡权乱世。
⑤ 中构：犹言隐居之处。此处引申为不可见人之事，多指妇人不守妇道，行苟且之事。
⑥ 行己无耻：意思是对自己的不良行为没有羞耻之心。
⑦ 夤夜（yín yè）：深夜。
⑧ 呼卢：谓赌博。
⑨ 射利：谋取私利。
⑩ 姆训（mǔ xùn）：姆，教贵族女子学习妇道的女教师，姆训指女教师的训诫。
⑪ 墙茨（qiáng cí）：指闺门淫乱。
⑫ 潜玩：指深入玩味。

教子孙。"玉不琢，不成器；人不学，不知义。"子孙之贤与不肖，未必生而即然，惟在为父兄者因才教育。俊秀者课以诗书，椎鲁①者俾勤耕作，商贾技艺，各因其材，庶不至四业②不居，游手好闲，流入匪党，以贻家门羞辱。孟子曰："中也养不中，才也养不才③，故人乐有贤父兄也。"子孙不教，责有攸归④。

慎交游。五伦⑤之目，终及朋友。当期有善相劝，有过相规，辅我以仁，不至陷于不义。倘或友非其人，则逸游宴乐，固属无益之为，甚至诱以赌博，引入匪类，家产为之荡尽，子孙受其残害，其患有不堪言者。凡我族人，当为炯鉴⑥。

敦族谊。九经⑦之序，次列亲友。一本所关，何容歧视，必须好恶与同，患难相顾，不得恃富贵以相骄，不得逞智力以相抗，强无挟弱，众无暴寡。凡一切庆喜吊犹伏腊几时之际，在在相赒⑧，不稍违乖。

---

① 椎鲁：愚钝，鲁钝。

② 四业：指士、农、工、商四个行业。

③ 中也养不中，才也养不才："中养不中，才养不才"出自《孟子》的《离娄章句下》。意思是品德修养好的人教育熏陶品德修养不好的人，有才能的人教育熏陶没有才能的人。

④ 责有攸归：是谁的责任，就该归谁承担，指责任有所归属。

⑤ 五伦：亦称"五常"。封建宗法社会以君臣、父子、兄弟、夫妇、朋友为"五伦"。

⑥ 炯鉴：明显的鉴戒。

⑦ 九经：中庸之道用来治理天下国家以达到太平和合的九项具体工作，包括修养自身、尊重贤人、爱护亲族、敬重大臣、体恤众臣、爱护百姓、劝勉各种工匠、优待远方来的客人、安抚诸侯。

⑧ 相赒（xiāng zhōu）：亦作"相周"，相互救济。

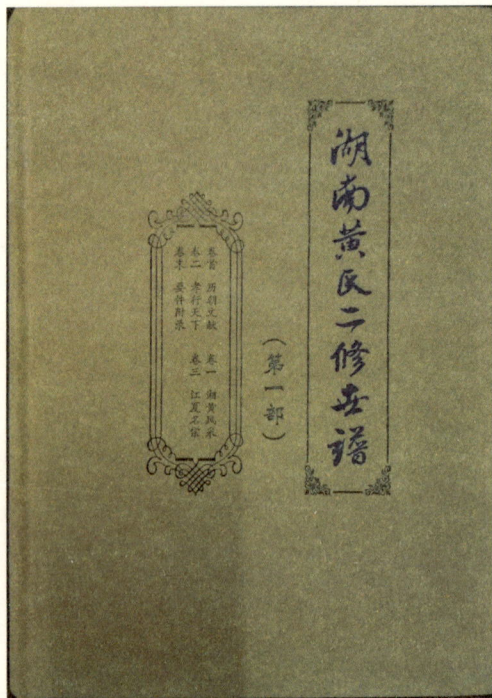

湖南黄氏二修世谱

记曰："亲者无失其为亲，故者无失其为故。"①即此意也。尚其懔
之毋忽。

崇节俭。奢侈过度，丧德孔多②。世固有居炫壮丽，食穷水陆，
服艳文华，上不念积累之苦，下不惜物力之艰，极欲穷奢，称快一时者，
乃久之而黄金散尽，家业荡然，求其一饱一暖而不可得，悔无及矣。

---

① 亲者无失其为亲，故者无失其为故：典出《礼记·檀弓篇》。原壤母死，孔
子帮助他沐椁，原壤未表现丧母的哀情，居然还唱歌，随从的弟子谏劝孔子和他绝
交，孔子告诉弟子说："丘闻之，亲者无失其为亲，故者无失其为故也。"第一句
的意思是说原壤与他母亲的关系，他虽然在唱歌，实际并未忘记他的母亲。第二句
是说孔子与原壤的关系，老朋友依旧是老朋友。此处的意思是说，亲人和朋友都有
成为你亲人或朋友的原因，需好好保护它（如朋友之间的忠诚、亲人之间的友爱），
不要失去它们，失去这些，你的亲人和朋友就不再能称为亲人和朋友了。

② 孔多：即很多。

"昔卫公子荆居室，始有苟合，少有苟完，富有苟美①。"孔子称焉，以其俭也。

息争讼。圣人之治，无讼为贵。今人每逞血气，忿不让人，或恃广钱通神，或逞刀笔肆虐，或仗舌剑杀人，以为我有势耀，我有智谋，足快一时之意，不知一字入公门，九牛拖不出，始因小事争雄，继乃酿成巨案，倾家荡产，积怨成仇，皆由不知息讼之所致也。时曰："得可休时便可休，莫经府县与经州，费钱吃打赔茶饭，赢得猫儿卖了牛。"惟愿子孙，铭之座右。

戒吸烟。法夷通商，中国之患。其极于人有害者，莫如洋烟一项。咸同②以前，食之者少，今则毒痡③几偏。夫嫖赌嚼④摇，无钱犹可中止，至陷入洋烟，则欲罢不能。钱少之家，究竟固难言状。即幸家赀饶裕，而膏肓病入，其体气亦颓废不堪。烟之为害昭昭矣。凡我族人，各宜立定脚跟，无贻后悔。

防淫乱。罪恶万端，惟淫为首。乃有轻薄子弟，专务渔猎女色，或婢女仆妇，竟势逼而致玷终身，或贞节淑媛，每计诱而顿移素守，既使子孙蒙诟，尤令亲戚含羞，甚至戈矛起于枕席，生死判于须臾，祸变之来，不堪言状。曾亦思人有妻女，己亦有妻女，易地以观，祸身何所？狄梁公之言曰："我淫人妇妇淫人。"清夜自思，应为

---

① 昔卫公子荆居室，始有苟合，少有苟完，富有苟美：典出《论语·子路》。卫国的公子荆，善于居家理财，开始有点积蓄时，他说："凑合着够了"；稍多时，他说："可算钱多了"；富有时，他说："可算完美了。"

② 咸同：清代年号咸丰与同治的并称。

③ 毒痡（dú pū）：毒害，残害。

④ 嚼（jiào）：咀嚼；吃。

胆裂，尚其凛旃^①。

　　择术艺。士农工商，各有常业。子孙矢志读书，显亲扬名，固祖宗所厚望也，否则孝悌，力田以养父母。下至巫医杂技，罔非生理。人面腆然，何甘作贱。凡我同宗，各宜凛之。

①旃（zhān）：文言助词，相当于"之"或"之焉"。

天心区廖氏 [1] 家训

孝父母，友兄弟，读诗书，习礼乐，

肃闺门，敦族宜，亲师友，务正业，

尚勤俭，励廉耻，屏淫欲，去争斗，

禁赌博，息词讼，戒醉酒，早完粮，

惩窝盗，禁讪谤，寓戒勤，周困乏。

天心区白沙古井今貌

---

[1] 天心区廖氏：天心区廖氏始迁长沙祖垂远公，明正统间由江西吉水迁居天心
阁白沙井一带。

岳麓区白泉谢氏[1] 《八训八诫》

诚酒、诚色、诚烟、诚赌、诚斗、诚讼、诚奢、诚盗。

训忠、训孝、训廉、训节、训勤、训俭、训恭、训恕。

岳麓区坪塘白泉村白泉遗址

---

[1] 岳麓区白泉谢氏：明朝正德二年（1507），进士出身的谢海由衢州安仁徒步落户岳麓区坪塘白泉村。

开福区江氏 ① 族规

〔八提倡〕

要爱国家，要守法纪，要敬祖先，要孝父母，要睦兄弟，要明道理，要重科学，要勤劳动。

〔八戒〕

戒横蛮，戒懒惰，戒嫖娼，戒斗殴，戒盗窃，戒溺爱，戒虐待，戒酗酒。

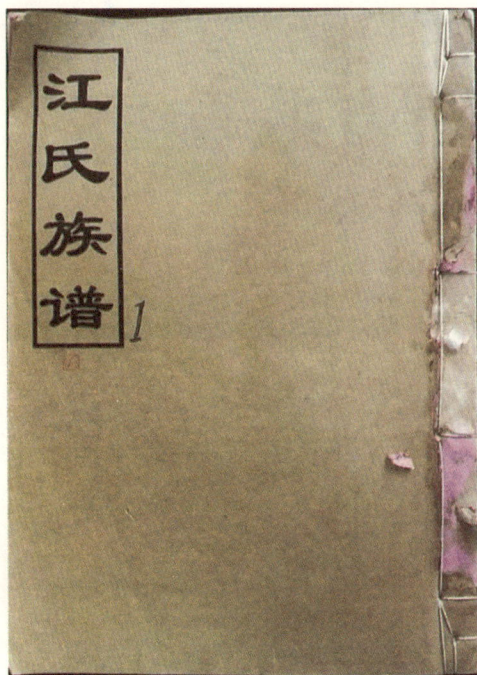

开福区江氏族谱

① 开福区江氏：开福区江氏始祖为尧帝时伯益公幼子元仲江国公。清朝康熙二十五年（1686），江氏一族迁至浏阳东乡梅田村，后逐渐在长沙各处定居。

开福区浣氏 ① 家训

爱国家，孝父母，
兄弟和，端庄夫妇；

慎交友，敦族谊，
睦乡邻里；

勤职业，尚节俭，
存仁厚。

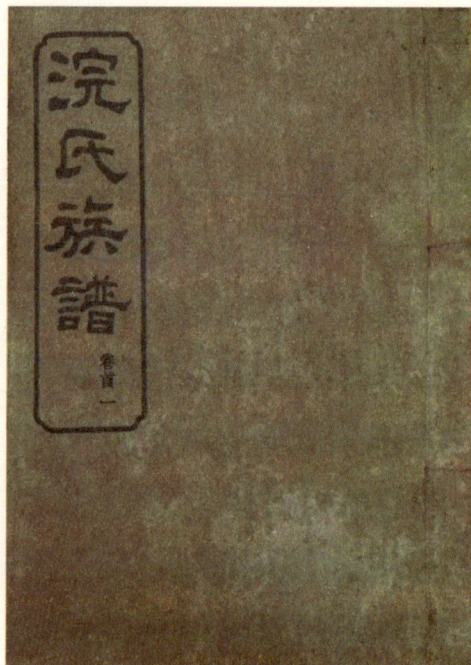

开福区捞刀河浣氏族谱

---

① 开福区浣氏：开福区浣氏于明初（洪武初年）由江西长邑瓦渣街迁往长沙北门外，始祖立基公安家、落业于浣家山前，后裔发展于白霞村浣家坪。

雨花区黄氏 [1] 《家训十则》

祖国当忠，父母当孝，

法律当守，家庭当和，

子儿当教，朋友当信，

职业当勤，持家当俭，

贫弱当助，争讼当息。

雨花区黄氏曾在醴陵黄达嘴修有祠堂，此为刊印于族谱上的祠堂布局图

---

[1] 雨花区黄氏：黄氏先祖仁宗年间从江西迁醴陵，在醴陵黄达嘴修有黄氏祠堂，后裔有迁居雨花区井湾子者。

望城邓氏石八族（南阳堂）^① 家训（节选）

　　家道首遵孝悌。有父母则当孝，有兄长则当悌。孝则惟恐得罪于父母，其心必恭敬；悌则惟恐得罪于兄长，其心必和顺。恭敬和顺，子弟之道得矣。子弟悌则兄友，施于一家，蔼然秩然，尧舜平章^②之化不外此也，而家悌则有不治者乎？

　　治家宜存忍耐。家人父子，爱本天性，而形迹亦安能尽泯也？惟忍，则忍较是非而怒气不生，惟耐，则不畏烦难而躁心不生，怒气躁心平而和气日溢矣！语云："和气致祥。"又云："家和福自生。"人能忍耐，攸往咸宜，而家有不治者乎？

　　治家必须勤俭。为事不成者，不勤之故也。资财易竭者，不俭之故也。善治家者，须先自己整顿精神，事事不辞劳苦，以勤倡家；自己简淡嗜好，事事不爱丰腴，以俭倡家。家人亲见家长勤俭不改其常，而敢自暇自哆乎？由是勤俭成风，有为必成，有财必聚，而家有不兴者乎？

---

　　① 望城邓氏石八族（南阳堂）：邓氏四十三派谦灿公，明洪武四年(1371)分徙长邑西乡，落业新康六甲靖港口（今属望城区靖港镇新峰村）。

　　② 平（pián）章：平的意思是辨别之义；章通"彰"，有彰明、显著、鲜明的意思。平章即辨别显明。

望城靖港邓氏宗祠

祖宗宜昭诚敬。水有源，木有根，祖则人之根源也。水无源则流竭，木无根则枝枯。人不尊祖，则后裔零落，此自然之理也。所以仁人孝子，恢宏①先绪，丕振②家声，无非为祖宗培植其根源也。昔曾子有训曰："追远③。"朱子有训曰："祖宗虽远，祭祀不可不诚。"此尊祖之格言也。

族邻宜敦④雍睦⑤。族有亲疏，本源则一。邻有贫富，偶居⑥则一。要之以睦，则亲疏一致，贫富无猜。族邻和，将见有无缓急相通相恤，诟谇不兴，讼端悉化矣。语云："千百年不朽宗支，远亲不如近邻。"

---

① 恢宏：发扬。

② 丕振（pī zhèn）：大力振兴。

③ 追远：追念前人前事。

④ 敦（dūn）：督促。

⑤ 雍睦（yōng mù）：团结、和谐的意思。

⑥ 偶居：在一起居住的意思。

正可为不睦者鉴！

家道必严本业。士农工商不一，而务本之术，悉宜专精。士勤于诵读，可以耀门庭。农勤于耕种，可以备凶荒。即工商牵牛服贾①，操技易食，皆可以勤而资事。倘见异思迁，或始勤终怠，必致游手好闲，流为下贱，法所难容。务勤本业，勉为盛世良民，即是克家② 令子③。

传家贵存忠厚。不忠不厚，则必至于贪残④。用尽机关，曲离狡计，以累利谋人田产，以积债售人子女，彼即拱手相奉而含恨终身，彼即属志为奴而遗羞后代。追思祖宗忠厚之遗，于安乎？于理安乎？况谋产有条，诱良有律，忠厚之德而忍忘之耶？

---

① 牵牛服贾：指经商。

② 克家：指能继承家业。

③ 令子：对别人儿子的美称。

④ 贪残：贪婪凶残。

望城杨林文氏 ① 家训（节选）

敦孝悌。父母乃生我之人，无论智愚贤否，爱子之心原无歧视。为子者，亦思襁褓时父母勤劳哺育，及长教读完娶，天高地厚，竭力孝养，岂云易报。我族子弟，秀者务宜得亲顺亲，竭力以事。朴者当力田随份 ②，以奉养之。而事祖父、祖母及继母，尤孝之。最著者兄弟，本分形同气，幼时鲜不相亲爱，及娶妻生子，乃异视其兄弟，甚至听妇言，乖骨肉，父母由此不顺，是不善友兄弟即不善事父母。须当务全至性，分多润寡，友爱无间。纵或父不慈，子不可不孝。兄不友，弟不可不恭。况天下无不是的父母，世间难得者兄弟。使于父母而忤逆悖乱，家严其法，国正其刑，罪固不容赦。若凌辱兄长，咒骂斗殴等犯，该房长查实真情，会同族长拘赴祠堂重责。兄若不友，以强欺压者，亦不纵。

笃宗盟。凡祖父平日所交异姓，称为父执 ③，且往来馈问不绝，

---

① 望城杨林文氏：望城白箬文氏为文天祥后人文丙三于明洪武元年（1368）由江西吉安富田迁湘后繁衍而来。由于始迁祖落户在长沙府善化县杨林冲（今属望城区黄金街道），故这支文氏在家族中称"杨林文氏"。

② 随份：指安分，守本分，依据本性等。

③ 父执：父亲的朋友。

忧相吊，喜相庆，如一姓然，矧^①族人系出一脉，纵支分派别，溯之悉共祖同宗。"孔子于乡党，恂恂如也"^②，盖尊卑长幼有定。分卑幼者，故不得以无礼欺凌其下。见有长凌少尊凌卑者，恃势力而争斗，挟富贵而睥睨^③，甚至岁时伏腊，不相往还，贫者莫恤，孤者莫保，即连根并蒂之人，亦视为秦越，此族之弊也，其何以堪。我族自聚族以来，馈问蔼然有仁以相洽，秩然有礼以相接，直视一族如一家者，已为闾里矜式^④。愿族人亦加笃焉，可也。

务本业。士农工商，各专一艺。凡族姓席祖宗之业，大都不外此四者。世多有懒惰成性，沽名读书，其胸实无一物，纵有片长，便矜己傲物；有游手好闲，不知稼穑之艰难，耻为工匠，不肯下气于人，与坐耗资本为人诱人赌博者。此皆玷污祖宗，国家所不容之人。愿吾族中人，有则革从前积习，无者奋现在精神，如读书便想为祖宗增光，务农者竭力耕耘为力田，弟子即肩挑贸易，亦是本分事。古人牵车服贾用孝养厥父母，此不可不知。如蹈世俗模样，该父兄严加约束外，投鸣房长、族长，婉言以导之，果怙过不悛，令赴祠堂议处，为不务本业者戒。

敦品行。我族出自庐陵，清白传家。后之子孙，宜各敦伦^⑤饬

①矧（shěn）：况且，何况。

②孔子于乡党，恂恂如也：语出《论语·乡党篇》。意思是孔子在本乡的地方上非常恭顺。

③睥睨（pì nì）：指斜着眼看，形容高傲的样子。

④矜式（jīn shì）：敬重和取法，犹示范。

⑤敦伦：敦，勉励；伦，伦常；即敦睦人伦。

纪①，型方善俗，以继祖父家声。如为士者，入孝出悌，言正言，行正行，做好模样为子孙法。为农者，务本业，勤耕苦力，安分守己，断不为非作歹，此便是品行克端。倘士业读书而不恪守礼法，或逆亲犯上，甚之武断乡曲，刁唆词讼，以致身败名裂，深为可憾。农而不遵父兄约束，赌博开场，穿花戏蝶，为乡里所斥责，可悲也。呜呼，此身一败，万事瓦解，族人各自励焉。若现在士果有一行之长砥砺乡邦，一言之善脍炙远近，或文藻缤纷作楷儒林，廉隅②自饬为范士类，农亦愿③而悫④，不愧为国家良民，则前有祖父，后有子孙，真一族之光也，是望于族之敦品者。

正婚姻。朱子曰："嫁女择佳婿，无索重聘，娶妻求淑女，勿计厚妆。"今人彼此但求家财殷实，不择门面家风，以致淑女而配合匹夫浪子者有之，佳儿而误对淫女妒妇者有之。岂知婿苟不才，女身无靠；妇苟不正，男憾何消。毁盟退婚成讼端，亦何不慎之于早乎？吾族于此当三思之。亲迎之礼，古者三日不举乐，思嗣亲也。近时必以此为热闹，且妄用执事摆马，殷实家尤甚。吾族宜力改之。

广教育。前清末叶，识时之士鉴于国势衰危，非变法无以有为，于是废科举而设学校。民国建元以来，尤兢兢以教育为急务。泰西各国，凡届学龄儿童，均进校读书，有不入校者，罚其父兄，是故有强迫义务教育之举。孟子曰："中也养不中，才也养不才，故人

---

① 饬纪（chì jì）：整饬纪纲。
② 廉隅（lián yú）：棱角。比喻端正的品行。
③ 愿：此处意思为老实谨慎、恭谨。
④ 悫（què）：诚实，恭谨。

乐有贤父兄也。"吾族自杨林总祠以下，合长宁办族学五校，长沙三校，宁乡二校，以便族中子弟就近入学。凡有父兄之责者，须按子弟年龄送入学校，依序递升，籍以熏陶其德性，变化其气质，策励其精神。须知族中不乏聪颖子弟，嗣后尤应竭力设法培植，毋使失学。家有贤父兄，外有良师友，勤加训育，蔚为国家有用之才，宁非后幸？跂①予望之。

严奸盗。智愚贤不肖，何族无之？惟奸一事，最不忍言。上之玷辱祖宗，下之贻羞子孙，中则令人子女陡遭污蔑，无日新之路，并本身父母兄弟丈夫亦无颜面立人世，且有因奸致死者。呜呼，一时之乐，贻祸非常，可悲可憾。若淫人孀妇，作孽尤烈，以坚操冰雪之守，忍之半生，忽受一点狠心，顿亏名节，伤心害理莫此为甚。语曰："淫人妻女者得人淫妻女报，淫寡妇者得绝嗣报。"天网恢恢，可不畏哉？至不肖子弟敢为盗贼，因迫于饥寒，实由父兄家教不严有以致之。少小时其予拾一物，不究所从来，反谓其子好能干，长大胆识愈大，恃有父兄回护并纵之。使为盗而何？我族子姓繁衍嗣后或有此等发露，应赴祠重责，会同房族长酌议处分，毋合外拽，有玷家声。初犯从宽示责，令其改过迁善可也。

尚节俭。人情之奢纵无穷，天下之物力有限，不俭则必有所不继。是以居官者，惟俭生廉。居家者，惟俭中②礼。幸而吾家富厚，体此以行，富厚可以长保。即贫乏之家，能自节省，亦不至衣食无措。

①跂（qì）：踮起脚跟。
②中：此处意思为适于、合于。

若以俭为陋，则"粱肉不与骄奢期而骄奢至，骄奢不与死亡期而死亡至"①，为所不当为，故不免耳。愿吾族内，朝食夕餐有候也，羞耋饮蜡有常也，冠婚丧祭有度也。近日陈榕门学士曰："惜食惜衣，难是惜财兼惜福；求名求利，切须求己慎求人。"有味乎其言之也。

优奖励。凡忠臣孝子，义夫节妇，以及学优品峻心端行直者，无论识与不识，皆景仰而称道之，矧族中人有此，独不表彰其实行乎？族中草谱，有备录行述②、传赞③者，洵④发潜德幽光⑤，而犹有

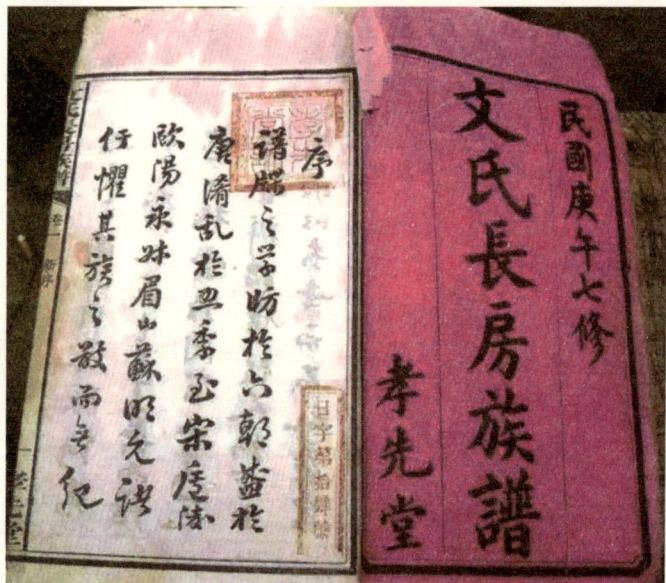

望城杨林文氏长房族谱

①粱肉不与骄奢期而骄奢至，骄奢不与死亡期而死亡至：语出《战国策·赵策三》。粱肉，指美食佳肴。这句话的意思是已经享用美味而不追求骄奢，骄奢也自会到来；生活骄奢而不想死亡，死亡也自会到来。

②行述：谓生平概略、履历，即行状。

③传赞（zhuàn zàn）：纪传体史书中附在人物传记后面的作者评论。

④洵（xún）：诚实、实在。

⑤潜德幽光：潜德，谓不为人知的美德；幽光，指潜隐的光辉；潜德幽光就是指有道德而不向外人炫耀，就像隐藏起来的光辉。

遗漏。今悉采旧闻，谨注序略于本人名下，或为另立传，庶[1]不没人之真，俾[2]后之人见而兴起耳。至现在有志之子，如家寒薄，族人不分房份，应试时给其盘费，无阻上达之机。游泮[3]登科者，宜开公项为印卷旗匾桅杆之费，各房宜称力优助。有筮仕[4]者，按各房户捐费以给之，永为定例。如此培养，合族之后起者争自磨砺，矢志青云，是所赖于族之好奖励者。

---

①庶：此处表示希望发生或出现某事，进行推测；但愿，或许。

②俾（bǐ）：使。

③游泮（yóu pàn）：明清科举制度，经州县考试录取为生员者就读于学宫，称游泮。

④筮仕（shì shì）：指初出做官。

望城田心坪刘氏（尚义堂）^①家训（节选）

一切教家之法皆从身起。不惟倡随之义宜明，而刑于之化^②尤不可不讲。至若子息^③繁衍，用爱稍偏，酿祸非小。人多忽而不察，今待反复详言，务清好恶之源，以为正家之则。

父子宜笃慈孝，勿残忍以乖天性之恩。

兄弟宜敦友爱，勿相煎以伤手足之情。

叔侄宜宗爱敬，勿不逊以开乖戾之渐。

养子宜教以义方，尊师取友，抑抑^④谦恭，士农工商各勤乃业。勿姑息纵恣，养成逸志骄态，欺凌尊长，武断乡曲，以伤风化。

养女宜范，以姆仪教，勿令怠惰闲散。

宗族宜交相加协，毋以尊凌卑，毋以幼犯长，致乖雍睦之风。

持身须励廉隅，毋苟且以坏名节，毋轻浮以起狎侮。

治家宜尚勤俭，毋怠逸，始能开财之源；毋奢华，始能节财之流。

---

① 望城田心坪刘氏（尚义堂）：望城田心坪刘氏先祖戊寅公，原籍江西丰城县梓溪村白茅坪，官潭州太守，于明洪武二年（1369）落业星沙乔口市田心坪（南坪）。

② 刑于之化：指以礼法对待。

③ 子息：子嗣。

④ 抑抑（yì yì）：此处意思为慎审貌，谦谨貌。

居心须存忠饶，毋刻薄以待人，毋便宜利己，使人有长者之目。

处世宜崇信义，宜久要，不得忘平生之言一，事毋怀苟且之见。

国课宜及时输将，衣食虽急犹可节俭，钱粮重务在所当先，务有失淳良之义。

望城田心坪刘氏宗祠

望城乔江后塘岭李氏（敦厚堂）^①家训（节选）

立品。立品莫外言行二端。苟发语轻躁，行事猖狂，一切败名丧节之举无所不至，可鄙甚矣！必也正直端方，高自位置，伟然人望，谁不矜式。

节俭。节俭为治家之本。当施岂得过啬，滥费切勿侈靡。苟不自搏节，衣服饮食，竞尚奢华，追债深累重，魂飞魄落，谁肯矜怜？

李氏聚居地望城乔口后塘岭附近的东岳庙

---

① 望城乔江后塘岭李氏（敦厚堂）：望城乔江后塘岭李氏鼻祖固公，其后代修德公生子九，同徙楚南诸郡。其中井石、孟吉两公徙籍长沙，井石公落业长邑西乡罗缎坝，孟吉公落业后塘岭青水坪（今属望城区乔口镇田心坪村）。

027

人生急宜珍爱，为天地惜有限之财，为室家致屡丰之庆，不亦善乎！

师友。师必择其品行端方而从之，友必取其博闻广见而交之。当见误择庸师，迷途既入，道岸难登。滥交损友，势利愈趋，学业益发。一时不察，害及终身。我族人宜加意于师友之间矣。

望城亭梓庙何氏（雍睦堂）^①家训（节选）

敦孝悌。经义之行，源于至性。友恭之道，则本自天良。盖念离里属毛^②，岂容谇语。诚思分形连气，何忍阋墙。故蒙养必端，首在入孝出悌。而家声丕振，终期肖子贤孙。

睦宗族。礼尚敬宗，书先亲族。良以支分派别，实为本一源同，有亲无疏，宁厚勿薄。惟思一家一姓，恤寡怜贫；更念乃祖乃宗，推仁仗义。财势万无可挟，争讼一切宜平。

和乡里。古者五族为党，五党为乡，故任恤可风，睦姻攸赖。近见睚眦小失，遂至牙角纷争。闾巷相侵，旦平安在？务必存心长厚，仁里志祥，斯为积善昌符，德门余庆。

勤耕读。务本不外力田，立行端归正德。故国有游民之戒，朝多董^③士之条。家塾必修，勿在包蒙^④。有利先畴^⑤，惟服无甘。惰

---

① 望城亭梓庙何氏（雍睦堂）：望城亭梓庙何氏始祖福柯公（1395—1491），由江右瑞州府上高县宦游荆楚，爱其风俗，遂落业于长邑新康都四甲何家坪。

② 离里属毛：比喻子女与父母关系密切。

③ 董：此处意思为监督管理。

④ 包蒙：愚昧。

⑤ 畴：使相等。

艺鲜秋，要视秀顽，总期勤苦。

禁非为。《周礼》："家有族师，里有党正。"朝夕诰诫，彼此醇良。我等幸际升平，宜惇雅化，毋越伦干分，无作愿①犯科。公道惟严，小过必惩，纵不月吉②读法③，须知岁纪④悬⑤刑。

何氏聚居地附近的亭梓庙

① 作愿（zuò tè）：作恶。
② 月吉：农历每月初一，或指正月初一。
③ 读法：宣读法令。
④ 岁纪：指十二年，或指年代。
⑤ 悬：意思为公开提示。

妨^①邪术。左道惑众，异说诬民。近多诗张之徒，不免烧香之会，每结盟以树党，恒夜集而晓分，有犯王章，株连莫逭^②，亟悖家法，饬训宜先。

---

① 妨：阻碍。
② 逭（huàn）：逃避。

望城蓼湖州吴氏① （奉先堂）家训（节选）

孝父母。人之有亲，犹树之有根。树未有伤其根而犹华实者，人未有伤其亲而能发达者。骨肉血气皆亲所遗，才力心思皆亲所与，果知爱其身，必能爱其亲。能爱其亲，方算得国家良民，祖宗肖子。

立品行。富贵贫贱各有其命也，当各立其品行。士农工商各有其业也，亦当各立其品行。能立则目前虽难，日后必有生发。不立

吴氏聚居地望城乔口的荷塘景观

---

① 望城蓼湖州吴氏（奉先堂）：吴氏鼻祖太伯、仲雍，居江南梅里。其八十八世文通公，于清朝康熙年间改籍长邑新康都十甲蓼湖州（今属望城区乔口镇柳林江村）。

则目前虽易，日后必见消亡。凡我族人总要端庄，总要厚重，不可因世俗而迁，不可因人言而改，果能如此，必为族党所钦，祖宗所佑。

惜廉耻。财不应得而得，无论多寡，皆伤廉也。事不应为而为，无论大小，皆无耻也。人苟见财思得，随事即为，其与穿窬之盗①何异？凡我族人，当刻存"廉耻"二字，不可一毫放过，乃能无忝所生②矣。

勤耕读。"有田不耕仓廪虚，有书不读子孙愚。"诚哉榷论也。耕或不勤，则罔有黍稷，衣食难自给也。读或不勤，则不同经史，义理难大明也。凡我族人之朴耕秀读者，务必劳心劳力，自然可以无馁而禄在其中矣！族众勉之。

---

① 穿窬之盗（chuān yú zhī dào）：钻洞和爬墙的盗贼。
② 无忝所生：不辜负、不愧对自己的父母、双亲、故乡等。

望城水矶口汪氏①（平阳堂）家训

存心以仁。礼以范人身，乐以养人心。人而不仁，如礼何？人而不仁，如乐何？孔子不常言之乎："夫惟以仁存心，则残忍刻薄之念消，忠厚慈祥之意见矣。"主敬可以立体，强恕②可以达用，寡欲益以清源，礼陶乐淑之余，而心自存。凡我族人，尚其勗③之。

修身以道。《传》曰："身不修不可以齐家。"家之齐未有不视乎身之修。欲修身，必先正心；欲正心，必先诚意；欲诚意，必先致知；致知在格物。是皆修身之本也。凡此，当于平日之作止语默④，一准以道。不然家人嗃嗃⑤，妇子嘻嘻⑥，启将谁属？吾愿族人，各自凛之。

耕读在勤。"业精于勤，荒于嬉。"甚言其不可始动终怠也。

---

① 望城水矶口汪氏（平阳堂）：望城水矶口汪氏始祖沅公，原籍婺源，初官宝坻县知县，后充长沙督粮府，遂籍湖南长沙。传至八十二世钜初公，康熙元年（1662）徙居长邑新康都十甲水矶口（今属望城区乔口镇湛水村）。

② 强恕：勉力于恕道。

③ 勗（xù）：同"勖"，表示勉励。

④ 作止语默：指人的行为言谈。

⑤ 嗃嗃（hè hè）：指严酷貌。

⑥ 嘻嘻：意思为欢笑貌，喜悦貌。

耕则务为上农，可卜丰享之废。读则求为秀士[①]，堪图淹雅[②]之称。语云："六月炉边铁匠，三冬水上渔翁，渠非不知畏苦，只因业在其中。"欲向苦中求益耳。我族士农，尚其即斯言而绎之。

汪氏聚居地望城乔口湛水村

---

① 秀士：德才优异的人。
② 淹雅：宽宏儒雅，犹高雅、犹渊博。

望城靖港侯氏（上谷堂）^① 家训（节选）

孝悌，为人道之。本族有不孝养父母，不敬礼伯叔，顽惰凶狠，不听教训者，族众共惩之。不改，鸣官治罪。

兄弟，最宜友爱。至詈骂^②斗殴，族众理其是非。兄是罚弟，弟是罚兄，俱无理同跪祖先前议罚。倘凶悍不率，鸣官重治。

淫乱，为起祸之由。万恶淫首。我淫人妇，难保妇不淫人。况淫无止境，始则决破藩篱，继乃轻车熟路，闲花野草随处勾留。情引闺贞，计污寡节，家未有不破，身未有不亡，报未有不惨。前车^③具在，未可忽而不察也。

赌博，乃败家之源。士农工商，各有恒业。谚云："为人不赌博，纵贫也得过。"一入赌博，贫苦无救药，其端亦开于父兄之送老消闲，其害遂烈于子弟之耳濡目染。为家长者可不谨欤？

居家宜戒争讼。讼者，冤求白也，屈求申也。不知不讼之冤屈小，

　　①望城靖港侯氏（上谷堂）：侯氏二十一世齐贤公，官至江西抚州府太守，明景泰七年 (1456) 由湘潭横头徙居长沙靖港。
　　②詈（lì）骂：责骂。
　　③前车：指可以引为教训的往事。

望城靖港今貌

　　而讼之冤屈大尔！时为客气^①所蔽，见小不见大也。及事后识破，追悔已迟。而荒废正业，抛弃日工，坏品败家，多由好讼。人当以义为上，戒斗以清讼源，庶全家可保矣！

　　同族，虽服制^②已尽，尊卑名分不易，称呼礼貌自有一定。或以狎匿忘分，或以势利忘卑，皆非礼也。

　　忠厚勤俭方可保家。凡我族人，秀读朴耕，务培根本。尚其消纳客气，遵信和调，勿长刁风，永敦雍睦。

---

　　① 客气：此处指一时的意气，偏激的情绪。
　　② 服制：是指死者的亲属按照与其血缘关系的亲疏和尊卑，穿戴不同等差的丧服制度。

望城虢家坪虢氏（新平堂）^① 家训（节选）

　　戒违犯教令。凡事莫重于顺亲，莫大于不孝不悌。言辞顶撞，奉养疏忽，均干法纪。

　　戒不务正业。凡游荡不法，聚赌抽头，酗酒行凶，招摇撞骗，大则亡身破家，小则招尤贾祸^②。

虢氏聚居地望城靖港复胜村虢家大湾

戒刁唆妄告。凡口角细故，尽可理恕情遣。即或身受横逆，亦须先经本房理论，不寝^①始鸣房长户首，再行秉公理处。不得遽逞刀笔，忍伤雍睦，致兴讼端。

戒言动放恣^②。凡族中人不论老幼，理宜貌言恭顺，循规蹈矩。如祭已毕，将颁请条规宣讲一遍，俾知谨戒。即当言事件，亦必委曲陈辞，不得出言无状。

---

① 不寝：停止、平息。
② 放恣：指放纵任性。

长沙县北山李氏①家训（节选）

　　敦孝悌。诗云明发②，书言天显，是知孝悌两端，诚有不可臾须离者。惟古人服劳奉养，必将以孺慕诚敬之意。徐行后长③，更承以负剑辟咡④之文。当把孝悌一念，时时提醒。苟于亲不能孝，是此生之大德已亏；于长不能悌，将终身之要道安在？况风木遗憾而有追思不及之叹，阋墙致变更有外御其侮之情。岂我昆仲⑤，不加猛省？

　　存仁义。古人方长不折，所以养仁；见利不苟，所以养义。不但鳏寡孤独，即昆虫草木皆有怜悯之意；不但万赀千贯，即一丝一介常怀廉洁之心。每见有一等人，忘恻隐羞恶之良，任情残忍，纵欲贪戾，及至灭理犯分，犹洋洋自为得意，庸⑥钜⑦知巨族式微，世家渐替，皆由此不仁不义基之也。凡我宗族，可不畏诸？

---

　　①长沙县北山李氏：为著名爱国人士李默庵一族，李默庵故居位于长沙县北山镇，名北山书屋，今为长沙市文物保护单位。

　　②明发：天亮，黎明。《诗·小雅·小宛》："明发不寐，有怀二人。"因"二人"拍的是父母，故"明发"也谓孝思。

　　③徐行后长：慢慢地跟在长者后面走。

　　④负剑辟咡：语出《礼记·曲礼上》："负剑辟咡诏之，则掩口而对。"指对孩子从小的教习。

　　⑤昆仲：称人兄弟的敬辞。

　　⑥庸：怎么，表示反问。

　　⑦钜：古通"讵"，岂，怎么。

李默庵故居——长沙县北山镇北山书屋

全忠信。忠信两字，乃存心之本，涉世之要，是何人可少？亦何时可离？所以古人行己，无诈无虞，勿二勿三，惟恐人谋不忠，己诺弗信。近世习于浇漓①，入于偷薄②，自谓可以愚人，岂知人不可愚，徒自诳耳。凡我宗族，共宜鉴诸。

承祖业。祖宗之所以贻厥③子孙者，凡几经苦志劳心，始有此今日，所望后人世世相承无损堕也。为孝子贤孙者，祖宗所留遗，爱恤如珍，而父书母器，尤倍加恭敬焉。有等子孙，轻易前谟④，罔念创造之难，怠弃先烈，弗书守业之艰，既视产业如粪土，尤置诗

---

① 浇漓（jiāo lí）：浮薄，指社会风气。
② 偷薄：浇薄，不厚道。
③ 贻厥（yí jué）：指留传，遗留。
④ 谟：策略。

书于高阁，心贪花酒，置身狼狈，妻诟其面，子衅其形，玷辱祖宗，贻羞乡里，良可痛也。稍不自立，悔将安及？凡我宗族，务宜警心。

谨婚嫁。书重厘降①，诗首关雎，是知男婚女媾②，原以继续宗祧③，非为夸诩门第也。近俗艳慕声势，攀援豪侠，往往配不得宜，反至骄傲百出，悖逆无端，岂不谬哉！不知娶妇须择善门素娴，内则久识阃范④，始能孝事公姑，敬顺夫子，不然其贻累匪小。即养女许配者，亦必如是。庶匹配有咸宜之庆，而甥婿增门楣之光矣。念我宗族，各宜致意。

尚节俭。昔孔子曾为问本者答，举凡天下习于繁缛，不如返朴还淳之足贵也。况菲食恶衣⑤，土阶茅茨⑥，古圣人且甘朴陋，曾⑦士庶之家可不自揣分量而专尚豪华，致前人兢业而创之一旦侈靡而毁之耶？盖子孙成享皆由祖宗节俭中出。念我宗族，当思素布疎水，毋嫌大朴古风。

戒赌博。博奕，乃圣贤特为无所用心者戒也，非有所取尔也。几见一等子弟，不务大道，好行小慧，狂言一掷千金，呼卢百万，甚自得也。爰是⑧呼群引类，开场斗衍，稍占微利，遂欣欣弗释，以至寝食俱忘，精神尽耗，戕伤性命者有之。犹或囊倾家破，父兄斥逐，置身乞丐之流，

① 厘降：指尧女嫁舜之事。
② 媾（gòu）：此处意思为连合、结合。
③ 宗祧（zōng tiāo）：宗庙，祖庙。引申指家族相传的世系。
④ 阃范（kǔn fàn）：指妇女的道德规范。
⑤ 菲食恶衣：粗劣的衣食，形容生活俭朴。
⑥ 土阶茅茨（tǔ jiē máo cí）：比喻住房简陋。
⑦ 曾：此处作副词，意思为乃、竟。
⑧ 爰是：于是。

官司紏①察，陷身刑戮之中。举凡穿窬为盗，侥幸行险，转沟壑暴荒郊者，皆由此好赌博之念阶之也。今我族为子弟者，当择良师益友，日讲大道，毋行小慧，勉作国家栋梁。流芳百世也，则幸甚！

---

① 紏：音 tǒu。

长沙县棠坡朱氏①家训（节选）

敦孝悌。孝以事亲，弟以事长，乃人道之当然。盖孩提知爱，稍长知敬，本属良知良能不学而知不虑而能之事。至知诱②物化，天性渐漓③，五刑④所以先严不孝不悌之诛也。吾族弟子当髫龀⑤时，或庭训，或师傅，或母教，即为之讲明定省温清⑥侍膳撰杖⑦之仪，随行隅坐推梨让枣之义，使之少成若天性，习惯如自然。及其稍长，事父母则先意承志⑧，得亲欢心，待兄弟则式好⑨无尤，情殷友爱，

---

① 长沙县棠坡朱氏：系晚清富商朱昌琳一族，其祖屋位于长沙县安沙镇棠坡，名恬园，今为长沙市文物保护单位。

② 知诱：为物欲所诱导。

③ 漓：浅薄。

④ 五刑：指封建社会的五种刑罚，包括笞刑、杖刑、徒刑、流刑、死刑。

⑤ 髫龀（tiáo chèn）：谓幼年。

⑥ 温清（wēn qìng）：冬温夏清的简称。冬天温被使暖，夏天扇席使凉。侍奉父母之礼。

⑦ 撰杖：同"撰杖捧屦"，谓侍奉长者。语出《礼记·曲礼上》："侍坐于君子，君子欠伸，撰杖屦，视日蚤莫，侍坐者请出矣。"陈澔集说："气乏则欠，体疲则伸；撰，犹持也。此四者皆厌倦之容，恐妨君子就安，故请退。"

⑧ 先意承志：指孝子不等父母开口就能顺父母的心意去做。

⑨ 式好：谓骨肉和好。

复原后的朱家老宅恬园，位于长沙县安沙镇和平村

不以娶妻生子间其孺慕①之诚，不以析产分财启其猜嫌之渐，不以贫穷而弛其孝养，菽水亦可承欢②，不以口角而至参商③，手足务相亲爱。事衰年之父母，当时伺其起居。待贫穷之兄弟，宜周恤其困苦。或母亡父在，或父殁母存，尤贵慰其岑寂。或弟暖兄寒，或兄饱弟馁，亟宜悯厥艰难。至于后母悍虐，庶母茕孤，所当善为调护。即有庶兄愚顽，寡兄横暴，总须墨为转移。诚以事亲，无论具庆、鳏寡、富贵、贫贱、康健、衰老，均当克全孝道，善体亲心，堂上皆

---

① 孺慕：指幼童爱慕父母之情，后来引申为对老师长辈的尊重和爱慕的亲切之感。

② 菽水亦可承欢：即"菽水承欢"，典出《礼记注疏》卷十《檀弓》。孔子曰："啜菽饮水，尽其欢，斯之谓孝。"菽，豆类的总称；菽水，豆和水，指最平凡的食品；承欢，博取欢心，特指侍奉父母。用豆子和水来奉养父母，博取父母的欢心。后遂以"菽水承欢"指身虽贫寒而尽心孝养父母。

③ 参商：指的是参星与商星，二者不同时在天空中出现，比喻亲友不能会面，也比喻感情不和睦。

悦豫而无忧虞，门内多欢愉而免愁叹。兄弟须和乐且耽，友于志庆，则父父子子、兄兄弟弟而家道正，孝子孝悌之心油然自生，岂非家之肥也哉？

　　和妯娌。兄弟以天合者也，妯娌以人合者也。以天合者本同胞之手足，易笃友于。以人合者联异姓为周亲，动生嫌隙。或以口角微嫌而互相讪谤，或因睚眦小忿而致启争端，或恃宠而骄，或因外家人强族众，稍不如意即操内室之戈，或缘自恃己强夫弱，偶涉嫌疑遂逞舍锋之利，或因陪奁之丰厚而吵欲分居，或因人口之众多而闹欲析产，或听仆婢之挑唆而忘大义，彼此遂致参商，或信戚邻之挑拨而昧天伦，尔我即成仇敌。诟谇时闻于户内，箕帚亦德色①相争；是非日较于门内，饮食之讼师顿起。不遵姑训，不听夫言。甚至自缢投河，期泄忿而使倾家破产；亦且抛头露面，相厮打而致堕胎殒身。凡此不睦不和，实属败礼败度。须知受分守法，即能召富召祥。亟宜互相亲爱，若姊妹之和谐；尤贵泯厥嚣凌②，等毛里之联属。兄嫂子女，无非一本之亲，抚犹子直如己子；弟妇儿孙，本属一家所有，视所生无异亲生。不以斗粟尺布而较量，不以润寡分多而启衅。同居则洗腆③孝养，交修子妇之仪；析爨④则任恤睦姻，各尽友爱之谊。庶几妯娌和睦，邻里不敢相欺；家室和平，子孙奉

---

①德色：自以为对别人有恩德而流露出来的神色。

②嚣凌：嚣张凌辱；嚣张气盛。

③洗腆（xǐ tiǎn）：洗涤器皿，陈设丰盛的饮食。

④析爨（xī cuàn）：分家。

为坊表^①已。

教子孙。"子孙虽愚，经书不可不读。"此吾宗柏庐^②先生家训也。诚以子孙当童蒙时，无论智愚贤否^③，皆宜使之就傅受学，先课以忠、《孝经》《小学》，随授以四书、六经，为之讲明大义，使知孝悌、忠信、礼仪、廉耻为生人须臾不可或离之事，非徒诵习传说而已也，尤当身体力行，奉以终生。其有聪明颖悟之子，或质虽中人，而沉潜笃实雅堪造就者，即令其留心学问，凡《周礼》《仪礼》《国语》《国策》，先秦两汉之书，诸子百家之传，与夫唐宋八大家，又明隆万启祯之文，及程朱语录，靡不朝夕研究，以求身心性命之学，并出其余力，以为制科决胜之文，俾得发名成业，展其所学，光辅国家。如果资质鲁钝不堪作育者，则当使之肆力于田间，务农力作，不可听其舍业以嬉，坐食耗费。孟子云："逸居而无教，则近于禽兽。"为父兄者，奈何家有子弟，不知教诲，致使生骄长傲，无所不为，致有覆宗之患。今为吾族约：凡有子有孙者，无论家之贫富，当蒙稚时即宜延师训课，严加管束；倘家计艰难，亦当使之附学从师，学习礼仪。语云："三代不读书子孙愚。"岂虚语哉？父兄之教不先，子弟之率不谨。愿我族人咸体此意，勿致或失其教也可。

睦宗族。《诗注》曰："同姓为宗。"《书·尧典·九族注》

---

①坊表：中国古代具有表彰、纪念、导向或标志作用的建筑物，包括牌坊、华表等。

②柏庐：即朱用纯（1627—1698），字致一，号柏庐，明末清初江苏昆山县人。著名理学家、教育家。《治家格言》（又称《朱子家训》《朱子治家格言》《朱柏庐治家格言》）是其代表作。

③贤否（xián pǐ）：意思是好和坏。

曰："高祖至元孙之亲，宗大而族小也。"《周礼·大司徒·六行》曰："孝友之后即继以睦。郑康成训睦为亲，许叔重训睦为敬，又训为和。"盖以族人众，势本疏远，其实推而上之以致始祖即一人也，亲孰如之？然其中或因食贫居贱行止难堪而亵玩相待，或因田宅毗连意见各别而嫌隙丛生。惟奉之以敬，处之以和，乃足以敬宗而收族。昔陶靖节赠长沙族祖诗曰："同源分流，人易世疏。慨然寤叹，念兹厥初。"诚有味乎言之也。近时闽广多有因族大人众，祠堂多有蓄积，往往倚以为势，每与外姓或因口角嫌疑，或因田园（瓜）（葛），或因嫁娶不和，或因构讼不息，动辄鸣锣聚族，烧杀抢掳，互讼公庭。如或两姓势均力敌，遂敢聚众械斗，酿成人命重案，倾家破产，买人抵偿。仇家不服，上控翻案，仍将凶手拟抵，至于杀身亡家而不知悔。此又知睦宗族而不知宗族之睦在乎安分守法，共相勉为善良，以延宗嗣，以光前人，而不在乎倚势作威，好用狠斗，致隳先绪也。今为吾族约：须体尊祖则敬宗、敬宗则收族之义，凡族中之贫乏者，遇有冠婚丧祭不能举行者，稍有力之家，当同忧共患，或一身独任，或众擎共举，为之成全其事。视其人之材力可任何事者，为之设法安置，或攒会凑本使之经营，或出田议租令其耕种，俾得养赡身家，不至流于匪僻。如其子弟聪颖无力读书者，则帮出学资，送之就傅，俾得发名成业，亦增宗族之光。倘有不安分，不听父兄教训，动辄惹是生非，及好嫖赌不务正业者，即集族中房长、族长及正直老成，加以训饬，责以夏楚①，仍许其改过自新；若仍怙恶不悛，而且目无宗族者，族中即连名出首②，送官惩治。再有不顾廉耻为娼盗者，一经族中查实，除送究外，即将其家除名，不使入祠祭分胙③，以昭炯戒。庶泾渭攸分而邪正各判，人人皆知端品植行，自无邪慝④之作，子孙绳绳⑤翼翼⑥、肃肃雍雍⑦，岂非祖宗之流泽孔长，而得敬宗收族之遗意也？

和乡邻。何言乎乡邻耶？万二千五百家为乡，鸡鸣狗吠，声相接而夜相闻也；五家为邻，出作入息，面相识而日见者也。地迩而人亲，可不与之和欤？且财甲一方，即宜扶助一方之贫；势甲一方，即宜拯济一方之难。能若是则无情无义，必为乡邻所不齿矣。若夫傲慢之、疏远之、侵夺之，又为乡邻所切齿矣。纵富贵惊人，其如众人之怨骂何？诚念夫族姓虽分，而出入往来，岁时聚晤，无非父祖累世旧交，要必款洽殷勤，乃见风淳俗厚。倘或小衅成仇、细故角讼，求水火而莫应，置缓急于罔闻，风斯薄矣。至于倚势横行，设计倾害，以及唆使控告，结怨寻仇，此又相邻中之一大蠹也。若夫排难解纷，平争息讼，而不仅以含容忍耐作自了汉，不诚为一乡之善士哉？今与吾族约：凡所居相邻，务须和睦宽容，不以小忿而

①夏楚（jiǎ chǔ）：夏，通"榎"，榎木；楚，荆木。古代学校两种体罚越礼犯规者的用具。

②出首：检举，告发。

③分胙（fēn zuò）：祭祀完毕分享祭神之肉。

④邪慝（xié tè）：邪恶。

⑤绳绳（mǐn mǐn）：众多的样子。

⑥翼翼：众多的样子。

⑦雍雍：形容人际关系和谐、融洽。

生嫌隙，不以微眚^①而致睚眦，不以言语之猜疑，辄相诟谇，不以鸡犬之凌践，动即参商。老幼尊卑，所当互明耻让；往来出入，宜矢敬恭。疾病则相扶持，守望则相友助，缓急相济，有无相通，亲者无失其为亲，故者无失其为故，庶几桑梓恭敬，礼让成风，观于乡而知王道之易易，岂非盛世之休征^②也哉？

禁游惰。人生事业，无过耕读两端。耕为衣食之本源，读乃圣贤之根柢。耕则春种夏耘秋收，三时不害；于茅^③索绹^④乘屋^⑤，终岁犹勤。读则自少至壮迄老，学务时敏；修身齐家治国，道在显扬。从古大圣、大贤、老农、老圃，未有不耕不读而食、不学而成者。即或无田可耕，有书难读，亦当择术，以为治生之计。或学手艺，或事商贾。习手艺者，毋或作为淫巧；经商贾者，勿或市伪杂真。不以垄断独登，不必多方渔利，惟期用心之仁。切勿谓富贵在天，穷达有命，自甘暴弃，不事经营，日在醉乡，夜眠妓馆，自求口实，不顾家室，到处酣歌，竟忘身命。以赌场为乐国，虽饥寒困苦而日事叫呶^⑥；以烟馆为仙都，纵精髓干枯而终耽^⑦呼吸^⑧。凡此未亡之肢体，皆属游惰之情形。今为吾族约：富贵之子孙，当责以耕读为

---

① 微眚（wēi shěng）：喻指微小的过失。

② 休征：吉祥的征兆。

③ 于茅："于"在这里表示动作行为，译为"去""到""往"。茅：本意为茅草，这里名词动用，取茅之意，译为割草。

④ 索绹（suǒ táo）：意思是制绳索。

⑤ 乘屋：指修盖房屋。

⑥ 叫呶（jiào náo）：喧哗叫闹。

⑦ 耽：沉溺，迷恋。

⑧ 呼吸：指呼和吸，此处指吸食洋烟。

本；贫贱家之子孙，当予以艺业为先。不可任其游荡，听其安闲。勿许压宝掷骰打牌，勿使挟优眠花卧柳，勿入酒楼烟馆，犯则必惩，法无可贷。庶几亲正人而远邪佞，务正业而绝燕游，则僻匪之心无自而生，家运之兴于字可卜也。

戒赌博。人家子弟，莫患乎席先人之产业，拥祖父之赀财，舍业以嬉，日肆赌博，往往视财如粪，挥金如土，呼卢喝雉①，暮乐朝欢，只顾一身豪兴，罔计荡产倾家。或招致外来博徒打牌掷骰，或勾引族间子弟压宝弹钱，夜以继日，乐此不疲。更或被人引诱，藉色羁縻，日则肆赌，夜则眠花，此贪彼爱，荐枕交欢，不惟品行尽丧，亦且家业倾销，耗竭精神，昏迷志气。或因父母尚在，未敢卖鬻田园，先行立契，与人按季认息，一俟亲枢在堂，即被追索，稍或稽延，照契管业。或因兄弟众多，尚未分析，乃敢偷契抵债，重利累还，偶被弟兄访闻，清查契据，无颜见面，辄寻短见，自缢投河，命亦不惜，总因贪赌忘家，受人盘剥所致。甚至饥寒困苦，无以为生，大偷小摸，鬻女卖男，或逼妻卖娼，或强女为妓，廉耻道丧，门户丑扬。言念及于此，殊堪痛恨。今与吾族约：凡有子弟，皆当与以职业。读书耕田，乃是正经职业；即或家贫，无田可耕，即令学习手艺，以为治生根本；抑或遣使经商贸易，以图发迹。不可听其游手好闲，日以赌博为事，致蹈前辙。古者民无职事，使出夫家之征，盖所以儆惰民，使之各理生业，俾不致放逸为非，致罹法网也。吾族子弟，

———
① 呼卢喝雉（hū lú hè zhì）：呼、喝，喊叫；卢、雉，古时赌具上的两种颜色；泛指赌博。

果能遵守条约，各勤正业，不入赌场。即遇岁时伏腊，亲戚往来，不复聚赌为乐，以致互相盘剥。则家规整肃，行止端方，一切不虞之祸，自无从而生矣。

完国课。则壤成赋，朝廷自有常经；纳粮当差，闾里宜遵成例。诚以有田者完粮，成丁者应役，所以昭急公奉上之诚，亦以明任土作贡①之义也。每见有田业者，恃其狡猾，往往视田粮为不急之务，逞奸诈为闪避之门。当秋收时，新谷登场，不思赋税早完可免追呼之扰，丁粮全纳自无胥吏之惊，而乃任其心以处之，无论年丰岁凶，食指多寡，冠婚丧祭之费几何，宾客应酬之需若干，并不酌盈剂需，量入为出，一味耗费，徒事浮华。及至里长粮头登门追索，仍复东搪西躲、藏匿不面。至被禀拘，锁押到官，用刑比追，不得已而重利短借，加倍赔偿。总因视钱粮为末务，致受追逼之苦耳！今为吾族约：凡有田业者，务宜于收获时，即将所应纳之钱粮，早为预备，一逢开征，即行投柜完纳，截取串票归家，以免胥吏追呼，里长浮勒，俾鸡犬得以安静，室家得享太平之福已。

戒争讼。争，祸端也；讼，凶事也。盖争则逞一时之忿，往往舍生拼命而奋不顾身；讼则因一言之辱，每每告状兴词而互相攻讦。究之，因争致讼，则破产倾家酿命抵偿者有之；因讼成争，则恃众恃横抢掳杀烧者有之。总因不能忍气，不肯容人，以致唆讼棍徒乘机挑衅，惯争痞匪借事生波，遂使两家结怨，累世成仇。其实不过一朝之忿，一言之辱，本易消遣，辄相愤恨。岂知一字入公门，九

---

① 任土作贡：依据土地的具体情况，制定贡赋的品种和数量。

牛拔不出。书差之规仪，干证之盘费，在在俱要拿出。而乃案搁审悬，欲结不能，欲息不得，讼师勾结衙门，教师包揽械斗，期在必胜，不知吃亏。动谓和之则愚，舍之则懦，迨至经年不断，两败俱伤，家业因之消亡，性命因之断送，此时气消情倦，金尽力疲，悔已无及，伤如之何？语云："饶人不是痴汉，痴汉不会饶人。"又云："忍得一时之气，免得百日之忧。"皆阅历见到之语也。今与吾族约：凡遇不平之事，除祖先坟墓被人掘毁侵占，及名节所关，被人诬蔑，势不得不鸣官申理，其余钱债细故，田土微嫌，人极无礼于我，我先自认三分不是，听人说和；一经邻里亲友相劝，即行解释，莫与较量。即族邻亲友有与人欲兴讼者，亦宜从中劝息，勿令滋讼。至吾族中文士才士，慎勿逞恃刀笔，代人捏写词状，唆耸争讼，希图包揽索谢，致坏自己阴德，折堕自己前程，断绝后世儿孙，兼败他人产业。损人利己之事，天理所不容也。总之，居家戒争讼，讼则终凶。凡我族人当凛之遵之，勿以余言为河汉①也可。

崇俭朴。俭乃美德，流俗顾②乃薄之。夫先王之制，自天子、公卿、大夫、士、庶人，饮食有节，衣服有章，宫室器用有等，皆各守其分而不渝③。今乃不视其分之所当为，而惟视其力之能为，贫者见富而羡之，富者见尤富者而欲效之，一饭十金，一衣百金，一室千金以至万金，奈何其不穷且乏也！每见闾阎之中，其父兄淳朴质实，足以自给，而其子弟或入胥吏之群，或附商贾之队，或列绅衿之末类，

---

① 河汉：比喻言论夸诞迂阔，不着边际。
② 顾：反而，却。
③ 渝：背弃，违背。

无不羞向者之为鄙陋，于是从而新之，累世之藏尽于一人之手，甚则诡求诈骗，寡廉鲜耻。彼诚有所不得已也？与其悔之于后而不可及，何如约之于始而无难乎。然所谓约者，非一切而捐之也。养生送死之具，吉凶庆吊之需，皆称情以施焉，庶不至于困耳。惟是金碧之辉煌，纂组之奇丽，吾诚不知其何所适于用，而优伶之技，歌童舞女之娱，又不知果足以养人心之和否也。至若妇女之伦，多穷奢极靡而不与男子相称，岂敌体之义乎？昔孟光丽妆靓饰而梁鸿不答，服私居之服而改容谢之[①]。桓少君赍贿甚盛而鲍宣不悦，挽鹿车而乡邻称之[②]。人之度量岂不相越哉？今与吾族约：治生宜勤而居家宜俭，勤则不匮而善心生，俭则不奢而侈心泯，凡饮食服居室用宁朴勿华，宁俭勿奢。至于冠婚丧祭之费，宾客应酬之需，不丰不菲，从俗从宜，华而不靡，俭而不吝。《曲礼》云："君子恭敬撙节，退让以明。"《礼记》曰："三年耕而有一年之食，九年耕而有三年之食。夫耕三余一，耕九余三，岂非节俭之所由致哉？"

---

① 昔孟光丽妆靓饰而梁鸿不答，服私居之服而改容谢之：讲的是东汉梁鸿和孟光的故事。孟光嫁给梁鸿后，着绢衣，重施粉，想让梁鸿高兴。然而，过门七天，梁鸿竟一直不理她。孟光觉得很委屈，请求丈夫告诉她是什么原因。梁鸿说："我的妻子应该能与我一同隐居深山，过清苦的生活；而你穿得这样华丽，施粉涂脂，怎么合我的心意呢？"孟光听了，从此改穿朴素的布衣，再也不涂脂抹粉，只是辛勤地操持家务，精心侍候梁鸿。

② 桓少君赍贿甚盛而鲍宣不悦，挽鹿车而乡邻称之：讲的是西汉鲍宣和桓少君的故事。桓少君的父亲看出鲍宣是个可造之才，很想将女儿桓少君许配给他。在征求了女儿同意后，桓家准备了丰厚的嫁妆。鲍宣知道这件事后很不高兴，托人告诉桓少君："你是富家小姐，而我却是穷书生，我怎么配得上你呢？"桓少君听了之后，为向鲍宣表明心志，就将嫁妆中的绸衣换成了粗布衣。结婚当天，桓少君与鲍宣一起推着小车嫁到了夫家。

长沙县福冲陈氏家训（节选）

顺父母。孝亲之道，人所难能。惟此日用饮食，晨昏定省[①]，自当时时体会，以期无逆父母之心，此非人所难能者也。倘言语直撞，事奉疏忽，贫而不勤职业，富而浪耗家财，种种行为，不顾父母之养，是鸟兽之不如也。夫鸟且返哺，羊且跪乳，况人乎？俗云："亲养子小，子养亲老。"纵不能孝安，敢不顺为人子者？尚其勉之。

睦兄弟。兄弟友爱，和气致祥，必是兴旺人家。若有参商，则外侮日生，急难谁御。见兄弟不睦，多是听信妇言，或较短长，或争财产，始则挟嫌，继则使气，兄弟视如仇敌，父母为之不欢。惟兄宽弟忍，最为得法。

教子孙。子孙之贤不肖，未必生而使然，尽父兄之教不先，子弟之率不谨。是以各族开办学校，无非为教子孙计也。即令子孙愚鲁，家境贫寒，亦必令之就学。况国家有强迫之令，为父兄者何可不勉尽其责乎？初小毕业后，俊秀者亦须促其上进，愚鲁者俾勤耕作，或习工商，量材授业，庶不致成为无业游民，流入匪类，以贻家门之羞。孟子曰："中也养不中，才也养不才，故人乐有贤父兄也。"

---

① 晨昏定省：晚间服侍就寝，早上省视问安。旧时侍奉父母的日常礼节。

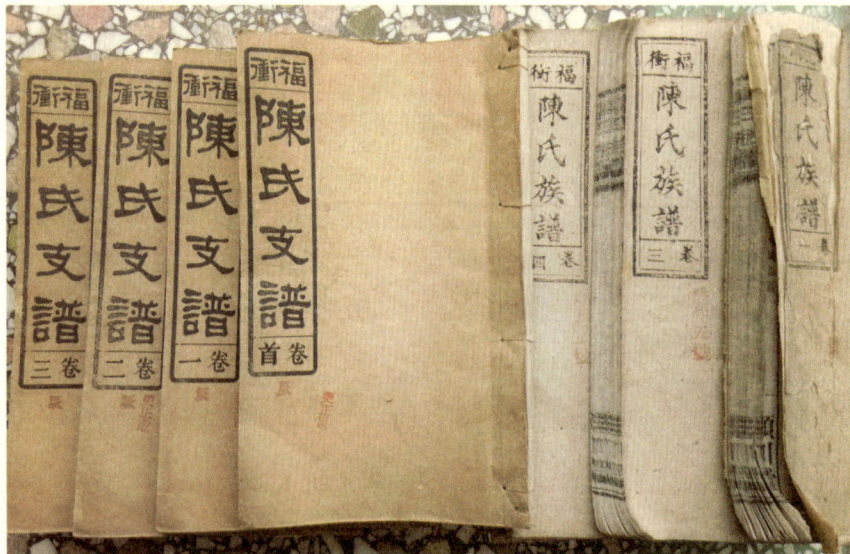

长沙县福冲陈氏支谱

子孙不肖，责有攸归。

务职业。自来耕织乃饱暖之源。男女坐荒，必致冻馁。盖撑持家政，如驾船上滩，稍有不努力便下流难返。语云："惟勤惟俭无失所，不耕不织不成家。"信然。

种福田。祖父为子孙计长久，人生皆然。但刻薄成家，眼前虽广，田园兴第，宅积金玉，安保后世之不变乎？惟忠厚存心，天心自然默佑。我有田园，子孙长得耕之。我有第宅，子孙长得居之。我有金玉，子孙长得储蓄之。斯为善于贻谋①者也。

慎交游。闻之近朱者赤，近墨者黑。日与俗人交，必近于粗莽，日与小人交，必流于非僻②，日与城市人交，必入于浮华。惟日与正

---

① 贻谋：前人留下的训诲。
② 非僻（fēi pì）：亦作非辟，意思为邪恶。

人君子相往来，则心以严惮而不敢放肆，学问品行自渐归于光明正大。其益不大矣哉。

戒赌博。大凡好赌之人，家政放弃不顾，虽奴仆偷窃穀米、妇女玷辱家声而弗知愧。其来往人等，下至倡优隶卒，仆役下贱，亦日与之同餐共榻，乌得不走入邪僻一类。迨至家资荡尽，饥寒交迫，势必鼠偷狗盗以为生活。其害不可胜言，特叙之以为子孙警。

重教育。从来子弟，富而不教则养其骄，贫而不教易比于匪。境遇虽有不同，教育均不可缺。但智愚各别，须视资质而习职业，庶几其克守家风焉。许昌岳曰："予观孝子悌弟，昭然史策，仁人义士，代不乏人，父兄常举此等人以为子弟勖，最足培养元气。"我子弟当谨记之。

警偷窃。人口众多，贤否不能一致。子弟倘有偷窃等事，初犯传族重责，勒书悔过字据。若再犯，具呈送官严办不贷。至劫抢大案，立即捆送，免致拖累亲属。

禁扛帮。凡遇亲朋戚友有不平事务，只可理论，不可替人强牵强砍，强抢强割，致干法纪。

笃宗族。些微口角，固不必计较。即或有猝难解决之事，亦须徐徐退让，不可动辄与讼，致伤族谊。一家富贵，即是一族之光宠，不可生忌妒之心；一家患难，即关一族之痛痒，不可无怜悯心。惟有善相劝，有过相规，有嫌隙相忘，有祸患相恤，斯上可以慰先灵，下可以劝后进焉。

家规家训

057

强国力。中华煌煌大国，自古外夷靡不朝贡。后世政教日非，民无国家思想，以故能力薄弱，致受强邻要挟。我族振兴学校，以强国力为目的，俾子弟咸知身与国家之关系，化除私见，结合团体，则由一族以至各族，人人皆有护国之念，斯国力强矣。

长沙县高桥邹氏[①]《家训十条》与《家规十条》

〔家训十条〕

家必有法，经传甚详，而文义简奥，未易通俗，采先辈语录，约为家训十条，其共守之：

一敬祭扫；二敦孝友；三善慈爱；四睦宗族；五厚姻旧；六隆

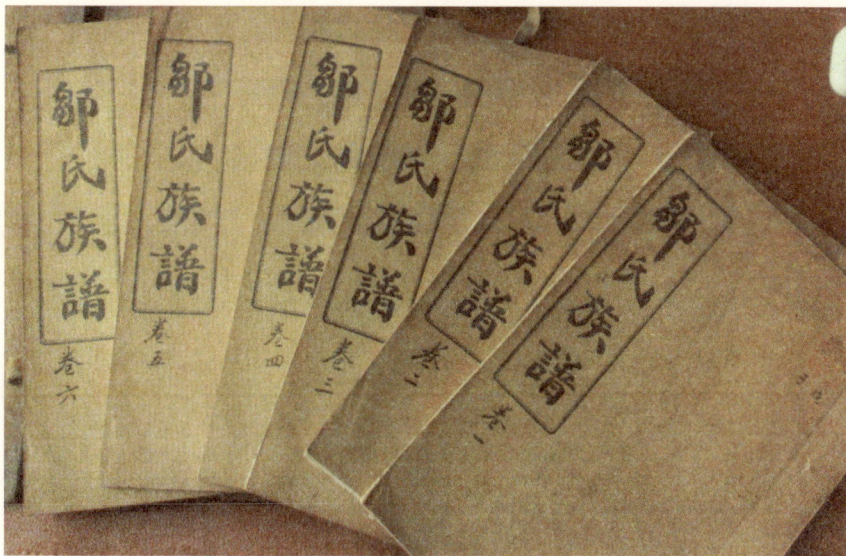

长沙县高桥邹氏族谱

---

① 长沙县高桥邹氏：长沙县高桥邹氏族人自明朝万历年间从江西经浏阳来长沙落户，居住在以长沙县高桥镇为中心的周边地区。

师礼；七慎交游；八厚乡邻；九勤职业；十从节俭。

〔家规十条〕

有法必有戒。戒不可不严。今取人之所当禁者，衍为家规十条，宜共凛之：

一不孝友；二慢尊长；三坏闺化；四习赌博；五非正业；六好争讼；七溺子女；八误国课；九侵公项；十坏谱牒①。

①谱牒（pǔ dié）：记录氏族宗族世系的书。

长沙县高桥罗氏《家范十则》

立身之道，语言为要，勿邻勿骄，勿浮勿躁；

言而自食，乡当所笑，君子慎言，永垂训告。

立行之道，清醒勿迷，小心克毖^①，毋近诡隋^②；

一行不实，百行皆亏，所贵笃敬，颠沛勿达^③。

君子之道，莫大乎礼，威仪定命，为德之体；

经曲少乖，相鼠所鄙，贤否智愚，率循而已。

辅仁之道，慎于纳交，交不如己，损德之苗；

骄奢淫逸，竟日嚣嚣，君子尚友，道义为高。

立品之道，尤贵知足，取与之间，廉耻所属；

善过于却，善过于受，义利不分，必滋羞辱。

居家之道，惟俭与勤，惰则废业，奢则致穷；

布衣粗粝，为德之成，安常守素，家必亨通。

处世之道，行己也恭，满则招损，谦则虚中；

温柔敦厚，和蔼如春，守正不阿，怒以喻人。

---

① 毖（bì）：谨慎小心。

② 隋（duò）：古同"堕"，垂落。

③ 达（tà）：放纵。

长沙县高桥罗氏族谱

尧舜之道，孝悌为首，生我长我，尽人而有；

忤逆夭诛，傲慢夭殂，众叛亲离，亦孔①之丑。

卫国之道，忠为大孝，精忠报国，从小教导；

此心清白，莫问人晓，不添阙职，众人明了。

居心之道，贵在和平，勃溪②不立，刻薄勿存，

爱人以德，谨始慎终，意诚心正，家国咸宁。

① 孔：此处意思为大。

② 勃溪（bó xī）：亦作"勃豀"，争吵，争斗。

长沙县金井郑氏^①家训（节选）

　　孝父母。潘仲谋曰："人无贵贱，欲问身从何来，自呱啼孩笑以至成立，于今几何年，我父母劬劳^②辛苦，历历可溯。"人子虽竭力奉事，常不能如父母之待我。况百年迅速，能得几时。乃因循玩忽，徒叹风木以悲怀，对鸡豚而陨涕，不且遗一生永憾乎？故孝道无尽，及时为贵。无使亲年日短而悔读书之不早，无使子力日裕而伤吾亲之不逮。为父母者，待子能养或成名时，大约五六十岁矣，譬如持短烛而行路，奔趋投店尚恐不及，况敢逍遥^③中路哉。为人子者，拥妻抱子，饱食安眠，岂知堂上发白眼暗之老人又复删除一日乎？妻子之年方少，享用之日正长，而生我父母一去不复，上天下地寻觅无门，危哉幸未及此，速宜孝养。昔孔圣曰："用天之道，分地之利，谨身谨用以养父母。"又曰："啜菽饮水尽其欢，斯之谓孝。"又曰："五刑之属三千，而罪莫大于不孝。"

　　友兄弟。石天基曰："世间不和兄弟之人，与那不孝父母之人，

---

　　①长沙县金井郑氏：1572年，长沙尊阳（东乡）郑氏二世祖郑楚泽自平江迁居长沙县金井镇，后代从长沙县金井发散到周边高桥、白沙、路口、麻林桥、开慧、福临铺、观佳、双江、范林桥等地。

　　②劬劳（qú láo）：劳苦、苦累，此处指父母抚养儿女的劳累。

　　③逍遥：从容漫步，悠闲自在的样子。

同是一个疾根，只为好货财、私妻子，就没人伦天理了。"我只劝你，兄友弟恭。或读诗书，尔我讲解；或做生意，彼此商量；耕田种地，出力相帮；手艺经营，留心照应。莫为几句言语便伤和气，莫为几许钱财便起争端。又要徐行后长，大以还大，小以成小。试看张公艺九世同居，得力全在一个"忍"字。郑内史十世不分爨[1]，惟不听妇人言。若同居和睦，原是

长沙县金井郑氏族谱

极好的事。或不得已分门另住，须要家产资财分得明白。即稍有不均，便宜也不出外，断不可因钱财小事伤了骨肉至情。幸而遇着兄弟俱贤，固宜式好无犹。就是兄弟有性情不好的，须要委曲承顺，自然感化得来。万一不能感化，要知道阋墙御侮莫如兄弟。诗曰："兄弟同居忍便安，莫因毫末起争端；眼前生子又兄弟，留与儿孙作样看。"昔何文渊判温州，有兄弟惑于妇言争财构讼者，文渊判云："只录花底莺声巧，遂使天边雁影分。"呜呼，妇言之不可听如此哉。

睦宗族。范文正公尝诸子弟曰："吾吴中宗族甚众，于吾固有

────────

① 分爨（fēn cuàn）：分开来做饭，意思为分家。

亲疏，然以吾祖宗视之，则均是子孙，固无亲疏也，吾安得不恤其饥寒哉？且自祖宗积德百余年而始发于吾，得至大官，若独享富贵而不恤宗族，异日何以见祖宗于地下，亦何颜入家庙乎？"于是恩例俸赐常均于族人，并置义田宅云。

和乡邻。史搢臣曰："孔子大圣人，其处乡党尤且恂恂如也，似不能言。"常见今之人，稍居饶富，微有功名，于邻里乡党之间便有许多尊大骄傲之态，此器小不能承载大任之人也。夫邻里乡党最相关切，一切美事皆赖赞成，一切祸患皆赖散释，岂可尊大骄矜。至于亲友，更宜浃洽。若平日不肯联属，设一旦有事，则人将视我为陌路，谁为匡扶？其中或有阴险小人，不但不为排解，即于此中生端激变，惟恐祸之不烈，是我竟成孤注矣。故邻里乡党最宜和睦也。

慎交游。朱衣云曰："直谅多闻益友也，便辟^①善柔便佞^②损友也。"倘不辨其人，误入其党，一言稍合即托妻子，结婚姻，倾肝胆，联盟社，一旦彼此参差，则造作是非，相为矛盾，此不慎之于始之过也。平时居敬^③穷理，端人正士，吾事之友之，以为切磋。观法一切，狡狯浮浪之辈，待之不恶而严。或以贷利声色相诱，不为所摇惑。则匪僻无自入，上之可进于圣贤，次亦不失为寡过之士矣。

择婚媒。司马温公曰："凡议婚姻，当先察其婿与妇之性行及家法何如，勿苟慕其富贵。婿苟贤矣，今虽贫贱，安知异日不富贵乎？

---

① 便辟（pián pì）：谄媚逢迎、玩弄手段的人。
② 便佞（pián nìng）：花言巧语、阿谀逢迎之人。
③ 居敬：谓持身恭敬。

苟为不肖，今虽富贵，安知异日不贫贱乎？妇者，家之所由盛衰也。苟慕一时之富贵而娶之，彼挟其富贵，鲜有不轻其夫而傲其舅姑者，养成骄妒之性，异日为患岂有极乎？若因妇财以致富，倚妇势以取贵，苟有丈夫之志气者，能无愧乎？"

正蒙养。杨文公家训曰："童稚之学，不止记诵。养其良知良能，当以先入之言为主。日记故事，不拘今古，必先以孝悌忠信礼义廉耻等事。如黄香扇枕①、陆绩怀橘②、叔敖阴德③、子路负米④之类，只如俗说，便晓此道理，久久成熟，德性若自然矣。"

勤职业。传曰："民生在勤，勤则不匮。"人之不至匮乏者，每日勤苦中得之。为士而勤，则博学多闻，义理充积，学不匮也；为农而勤，则禾丰黍熟，仓箱满盈，食不匮也；勤于治家，则仰事

---

① 黄香扇枕：黄香九岁的时候，母亲就去世了。他自小懂事，帮父亲干活时很勤劳，读书时很刻苦，对父亲也很孝顺。当夏季炎热的时候，他拿扇子给父亲扇凉，晚上为父亲把床上的枕、席也扇凉，驱赶蚊虫；冬季寒冷时，他替父亲把被窝暖热。黄香成年后知识渊博，成为国家的栋梁之材，受到人们的赞扬和爱戴。后即以"黄香扇枕"为克尽孝道之典。

② 陆绩怀橘：陆绩，字公纪，是生活在吴郡的吴人。他的官职到了太守，对天文和历法很精通。他的父亲陆康曾经担任庐州太守并与袁术往来密切。陆绩六岁时，在九江拜见袁术。袁术拿出橘子款待他，陆绩把两只橘子放在了怀中。等到回去的时候，陆绩向袁术长拜告别，怀里的橘子掉在了地上。袁术说："陆郎你来做客为什么还在怀里藏了橘子？"陆绩跪在地上回答道："这橘子是我母亲生性所爱的，我想拿它回去给母亲。"

③ 叔敖阴德：孙叔敖幼年的时候，曾经在游玩时，看见一条长着两个头的蛇，便杀死它并且埋了起来。他回到家里就哭起来。母亲问他为什么哭，孙叔敖回答道："我听说看见长两只头的蛇的人必定要死，刚才我看了一条长有两头的蛇，所以害怕我会离开母亲而死去的。"他母亲说："蛇现在在哪里？"孙叔敖说："我担心别人再看见它，就把它杀掉并埋起来了。"他母亲对他说："我听说积有阴德的人，上天会降福于他，所以你不会死的。"等到孙叔敖长大成人后，做了楚国的令尹，还没有上任，人们就已经都相信他是个仁爱的人了。

④ 子路负米：子路家境贫困时，自己吃的是粗陋的饭菜，而从百里之外把米背给父母。后遂用"负米、负米百里"等表示奉养父母或为奉养父母在外谋求禄米。

俯育①，不饥不寒，家不匮也；勤于治官，则政兴务举，民受其福，禄不匮也。愚者由勤而智，贫者由勤而富，贱者由勤而贵，无不以勤为本。夏禹圣人也，寸阴是惜，虽生知②之质，其勤尚如此，况吾侪乎？又曰："宴安鸩毒③，不可怀也。"为士而懒，则不学无术，甘为下流，自毒其身也；为农而懒，则不稼不穑，家无蓄财，自毒其生也；治家而懒，则生理萧条，衣食不积，自毒其家也；居官而懒，则纪纲废坠，政事不举，自毒其职也。吏之案牍不清，工之艺业不精，商之贸易固滞，皆懒之一字误之甚矣哉。懒之害大矣。

务生理。唐彪曰："富贵之后，坐食而无生理，家计日贫。人劝之躬耕，则云不耐劳苦，劝之生理，则云苦乏本资。然而细微经纪可勉为也，乃其人必不屑焉，以为有玷于家声。未几贫困至极，下流污行，无不为焉。何向者无玷家声之事，乃不屑为，而后日大玷家声之事，竟甘心为之也？岂非颠倒之甚乎！"予尝观《货殖传》所载，自猗顿④以下巨富者二十五人，皆名显于当时且垂于后世，其初皆起于细琐贸易，可以鉴矣。又若大圣大贤，虽不为财产起见，处贫约时何尝不躬亲细事以养亲养身也。舜尝渔于雷泽陶于河滨矣，伊尹孔明尝躬耕陇亩矣，傅说曾为版筑矣，胶鬲亦事鱼盐矣，又若买臣之卖薪，卜式之牧羊，何尝非细事？何尝玷声名？天地有盛必

①仰事俯育：上要侍奉父母，下要养活妻儿。泛指维持一家生活。
②知：同"智"，智慧。
③宴安鸩毒：宴安，安逸；鸩毒，毒酒。安乐就像毒药，指贪图享受就等于喝毒酒自杀。
④猗顿：春秋时鲁国人，他向陶朱公学致富之术，积累了很多财物。

有衰，富贵之后甚可危也。乃不务细琐之生业以养身家，势必至于饥寒迫身，放僻邪侈①无所不至，大玷祖父之声名矣。

尚节俭。司马温公家范曰："张文节公为宰相，所居堂室不蔽风雨，服用饮膳，与始为河阳书记时无异，其所亲或规之曰：'公月入俸禄几何，而自奉俭薄如此，外人不以公清俭为美，反以为有公孙布被②之诈文节。'欢曰：'以吾今日之禄，虽侯服王食，何忧不足？然人情由俭入奢则易，由奢入俭则难，此禄安能常恃，一旦失之，家人既习于奢，不能顿俭，必至失所，曷若无失其常，吾虽远世，家人犹如今日乎？'闻者服其远虑。"

明礼仪。古灵陈先生为仙居令，教其民曰："为吾民者，父义母慈，兄友弟恭子孝，夫妇有恩，男女有别，子弟有学，乡闾有礼。贫穷患难，亲戚相救；婚姻死丧，邻保相助。无惰农业，无作盗贼，无学赌博，无好争讼，无以恶凌善，无以富吞贫。行者让路，耕者让畔，斑白者不负戴③于道路，则为礼义之俗矣。"

辨吉凶。邵康节先生戒子孙曰："上品之人，不教而善；中品之人，教而后善；下品之人，教亦不善。不教而善，非圣而何？教而后善，非贤而何？教亦不善，非愚而何？是知善也者，吉之谓也；不善也者，凶之谓也。吉也者，目不视非礼之色，耳不听非礼之声，口不道非礼之言，足不践非礼之地，人非善不交，物非义不取，亲

---

① 放僻邪侈：放、侈，放纵；僻、邪，不正派，不正当；指肆意作恶。

② 公孙布被：典出《史记·平津侯主父列传》。公孙弘认为做臣子最大的毛病在于不节俭。他盖布被子，吃饭仅有一个肉菜，饭是小米饭，并用自己的俸禄供给宾客，家中没有什么积蓄。借指生活俭朴，严于律己。

③ 负戴：以背负物，以头顶物。亦谓劳作。

贤如就芝兰，避恶如畏蛇蝎。或曰不谓之吉人，则吾不信也！凶也者，语言诡谲，动止阴险，好利饰非，食淫乐祸，疾良善如仇隙，犯刑宪如饮食，小则殒身灭性，大则覆宗绝嗣。或曰不谓之凶人，则吾不信也！传有之曰：'吉人为善，惟日不足；凶人为不善，亦惟日不足。'汝等欲为吉人乎？欲为凶人乎？"

鉴成败。柳玭尝著书戒其子弟曰："坏名灾己，辱先丧家，其失尤大者五，宜深志之。其一，自求安逸，靡甘淡泊，苟利于己，不恤人言①。其二，不知儒术，不悦古道，懵前经而不耻，论当世而解颐②，身既寡知，恶人有学。其三，胜己者厌之，佞己者悦之，惟乐戏谈，莫思古道。闻人之善嫉之，闻人之恶扬之，浸渍颇僻③，销刻德义，簪裾④徒在，厮养⑤何殊？其四，崇好优游，耽嗜曲蘖⑥，衔杯为高，致以勤事为俗流，习之易荒，觉已难悔。其五，急于名宦，匿近权要，一资半级，虽或得之，众怒群猜，鲜有存者。"余见名门右族，莫不由祖先忠孝勤俭以成立之，莫不由子孙顽率奢傲以覆坠之。成立之难如升天，覆坠之易如燎毛⑦。言之痛心，尔宜刻骨。

---

① 不恤人言：意思是指不管别人的议论。表示不管别人怎么说，还是按照自己的意思去做。

② 解颐：开颜欢笑。

③ 颇僻：偏邪。

④ 簪裾（zān jū）：指古代显贵者的服饰，借指显贵。

⑤ 厮养：服贱役之人。

⑥ 曲蘖（qū niè）：酒母，此处应该指酒。

⑦ 燎毛：在火上燃烧毛发，比喻极其容易。

长沙县山桂黄氏①《八训十戒》

族之建祠何为者，尊敬祖先，以修祀事也；约束子弟，以循礼法也。今以人宜身体力行之事及举动易忽之端，摘其要以为《八训十戒》，编成四言五言，语甚浅近，览者无论智愚贤否，悉易知而易从，谨次第之以列于左：

八训：

孝：爱敬父母，圣训宜遵，人子孝顺，至性至情。

悌：尊敬长上，逊顺为先，徐行后长，理所宜然。

勤：贫可致福，贱可使贵，名利两端，由勤而至。

俭：不丰不啬，处世攸宜，须图赢余，饱食暖衣。

恭：谦逊自持，必近于礼，自卑尊人，先彼后己。

恕：以己之心，度人之心，己所不欲，勿施于人。

宽：刻薄残忍，为人所忌，豁达大度，绰有余地。

和：雍容②接物，无所乖戾，平易近人，浑然元气。

---

① 长沙县山桂黄氏：长沙县山桂黄氏一世祖辛四公于元朝末年从江西丰城迁湖南善化县鹿芝岭（今长沙县黄兴镇鹿芝岭）。

② 雍容：形容仪态温文大方。

元彰公崇

勤　貧可致福賤可使貴名利兩端由勤而至

儉　不豐不嗇處世攸宜須圖贏餘飽食煖衣

恭　謙遜自持必近於禮自卑尊人先彼後己

恕　以己之心度人之心己所不欲勿施於人

寬　刻薄殘忍爲人所忌豁達大度綽有餘地

和　雍容接物無所乖戾平易近人渾然元氣

十戒

戒忤逆

世有忤逆子還生忤逆兒以暴而易暴天不爽報施

长沙县山桂黄氏《八训十戒》

十戒：

戒忤逆：世有忤逆子，还生忤逆儿，以暴而易暴，天不爽报施。

戒凶暴：忠厚保身本，性质戒凶横，彼此逞争斗，恶人磨恶人。

戒淫行：万恶淫为首，损德兼坏心，己淫人之妇，己妇必淫人。

戒赌博：嗜赌贫无怨，耗财复亏体，流荡而忘反，此生长已矣。

戒窃盗：鼠偷与狗窃，人见而生嗔，点污留后嗣，羞辱及先人。

戒争讼：好讼险而健，倾家荡产多，忍耐且柔和，凶人奈我何。

戒抢夺：王法本森严，天网亦不漏，几见劫人者，生命能安度。

戒酗酒：沉湎必猖狂，无事反生事，与其后追悔，不若有节制。

戒遊闲：耕读为本业，然后有恒心，一材与一艺，亦可以营生。

戒轻生：父母全而生，当顺受其正，毋恃匹夫勇，毋逞一朝忿。

以上训戒数事，条分缕析，凡我族众，须于平时父戒其子，兄勉其弟，庶几均为善人，咸归正道，慎勿以为迂谈。

浏阳南市刘氏 ① 《家诫十则》

孝父母，敬尊长，和兄弟，教子孙，崇勤俭，

戒非为，兴廉耻，明礼让，肃闺门，禁邪习。

浏阳南市刘氏家族冬至祭祖

---

① 浏阳南市刘氏：元代元统年间，浏阳南市刘氏始祖仲一公和兄弟子侄多人，从江西新昌天宝里，迁居浏阳南市街。后人几经搬迁，现今聚居于南市、杨花、青草等地。

浏阳膏浒周氏① 家训

敦孝悌，以笃天伦。

笃恩爱，以睦宗亲。

循礼让，以序尊卑。

效古训，以善群族。

修祖庙，以妥先灵。

崇祀典，以致孝哀。

理坟墓，以重根本。

谨杂居，以杜冒滥。

保世业，以昭法守。

慎承祧②，以嗣宗祀。

积心田，以贻子孙。

端品行，以顾名义。

勤学问，以大显扬。

抒忠荩，以报国家。

---

①浏阳膏浒周氏：膏浒周氏主要聚居浏东古港、三口、溪江等地，丁口两万余人。

②承祧（chéng tiāo）：承奉祖庙的祭祀，此处有继承的意思。

急赋税，以免催科。

务耕织，以丰衣食。

敬师长，以资学问。

慎交与，以防习染。

理庐舍，以光家范。

尊正学，以收实效。

正衣冠，以表风度。

择婚嫁，以重匹偶。

饬闺训，以厉妇则。

别内外，以端壶范^①。

尊家礼，以黜左道。

平曲直，以息争诉。

警游惰，以安生业。

周氏聚居地浏阳膏浒景观

---

① 壶范：指女中模范。

为坚忍，以持门户。

戒溺女，以保天和。

戒奢侈，以计长久。

戒贱行，以顾家声。

戒强悍，以顾罪罹。

戒健讼，以惜身家。

戒赌博，以存廉耻。

杜宵小，以远祸患。

浏阳狮岩唐氏（晋阳堂）^①《家训六条》

一、敦行孝悌。

二、崇尚礼让。

三、早完国税。

四、禁革奢侈。

五、戒饬强暴。

六、惩责游惰。

浏阳狮岩唐氏始祖陵

① 浏阳狮岩唐氏（晋阳堂）：明正德十五年（1520），唐氏万荣公携眷自平江来浏，定居狮岩。

浏东观音塘谢氏^① 家训（节选）

　　爱国家。国者父母之邦也，自鼻祖以及我身，皆生于斯，食于斯，老于斯，祖宗庐墓在焉。故欲保家必先保国，岂曰国事无预于我哉？国之有事也，或纳粟或投军，皆我应尽之义务也。古人云："王事多艰，不遑启处^②。"又曰："国家兴亡，匹夫有责。"愿族众心存爱国，取法古人可也。

　　孝父母。鞠育顾复^③，教读婚配，父母之恩罔极^④；服劳奉养，承欢膝下，人子之职当尽。倘有忤逆不孝，一经发觉，小则会族重责，大则送官严究，愿为子者懔之慎之。

　　和兄弟。玉昆金友，天显之谊已昭；偶坐随行，雁行之序以著。故兄弟和翕，则外侮可御，内患不作，伯叔由此而亲厚，妯娌由此而和谐，家道由此而兴隆。试观人家分产各爨^⑤，多由兄弟不和致之。

---

　　① 浏东观音塘谢氏：浏东谢氏宗祠位于浏阳官渡镇观音塘村，是供奉谢氏始祖奕、据、安、万、石、铁诸公的共用宗祠，周围聚居有数千谢氏宗亲。

　　② 不遑启处：意思是指没有空闲的时间过安宁的日子，指忙于应付繁重或紧急的事务。

　　③ 顾复：指父母之养育。

　　④ 罔极：此处指无极，无穷尽，无边际。

　　⑤ 爨（cuàn）：灶。

浏东观音塘谢氏宗祠俯瞰

愿族众须贻同气之光，毋伤手足之雅。

睦宗族。人之有宗族，犹水之有分派，木之有分枝也。虽远近异势，疏密异形，要其本源则一也。断不宜因小故而堕宗支，因微嫌而伤亲爱。《书》曰："以亲九族，九族既睦，协和万邦。"是帝翘首以睦族示教也，可不勉欤！

重读书。家有读书之人，则义理有人讲究，纲常有人扶持，忠孝廉节从此而生，公卿将相由此而出，读书之益顾不大哉！愿为父兄者，切勿忽略。

端品行。礼义廉耻，人之大节存焉；奸淫邪盗，人之大节丧焉。故历朝选举曰孝廉，曰方正，皆因品行取士也。苟品行不端，问诸心既有愧，质诸世亦有污。愿族众懔之慎之。

正心术。人生受用之本在心术。心术正，则行为自善；心术邪，则行为皆恶。故机巧变诈稍存于念虑，则残忍刻薄必行于事为。此等心肠，最宜切戒。

安本分。人生莫不有本分当为之事，藉以有利于身，藉以有用于世。若不顾利害，不计损益，时生意外之妄想，惯作非分之营求，纵得眼前风光，难保日后无忧也。可不戒欤！

慎交游。人家子弟，半由朋友作成，亦半由朋友带坏。日与善人相往来，则规劝咸宜而德可进，若与匪类共心腹，则引诱皆非而恶必集，勿谓交游无关成败也。语曰："可者与之，其不可者拒之，此交道之极则也。"可不法欤！

尚勤俭。士农工商各专其业。冠昏丧祭，贵得乎中。慎毋游手好闲，奢侈过度，致有身家两败之误。《书》曰："业广维勤。"《易》曰："节以制度。"愿族众各自勉励。

完国课。国家赋额悉准经制，未尝多取丝毫。我辈得以坐享太平，正宜急公奉上，早行完纳，若故意抗违，任情迟缓，不但官法难逃，家法亦必先为惩责。

息争讼。人生在世，贤愚不等，强弱异致，横蛮者有之，挑唆者亦有之，惟接之以温和，处之以谦让，则争端自息。慎毋睚眦小失，遂至屈辱公庭，致有倾家荡产之害。紫阳云："居家戒争讼，讼则终凶。"可不鉴欤！

浏东白沙廖氏[1] 家教

敬祖宗，孝父母，友兄弟，

教子孙，肃闺门，延嗣续，

睦宗族，纳赋税，戒轻生，

勤正业，恤孤寡，惩不肖。

廖氏聚居地浏东白沙古镇

---

[1] 浏东白沙廖氏：元末明初，浙江省金华县八咏门外廖氏开基祖桂荣公第30代孙兄弟三人，背井离乡外迁，约定逢"沙"落户。结果廖余一落户长沙，廖周一落户红沙，廖万一落户白沙。

浏阳岩前蔺氏[①]家训

　　培植心田，品行端正。破除迷信，奋志芸窗[②]。勤劳创业，切忌游荡。扶贫帮困，和睦邻乡。禁止赌博，严惩窃攘[③]。争讼酗酒，四时谨防。婚姻随缘，恩爱情长。孝顺父母，教子有方。

浏阳岩前蔺氏宗祠

———————

　　①浏阳岩前蔺氏：据蔺氏族谱记载，浏阳文家市蔺氏是战国时期著名的政治家、外交家蔺相如的子孙。蔺氏家训世代相传，始终秉承"尚和"的精神风范。

　　②芸窗：书斋。

　　③窃攘：此处意思为侵犯。

浏阳槐园（马井）熊氏^①家训（节选）

耕作以时，照顾虫蚁，粪田不害物。不阻断走路，填坑堑以便行人。不唆田主谋买地方田地，不伙人盗卖人谷粟。不藉人势纵放六畜残邻田禾苗，不耕占邻田沟心岸界。不平断人坟墓，左右前后风水，不耕占迷失坟墓。不阻塞水道揹^②邻田钱财。不动种粮。不

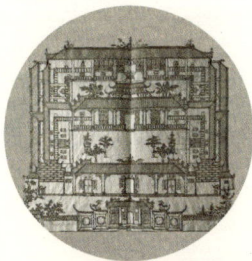

浏阳马井熊氏族谱

---

①浏阳槐园（马井）熊氏：浏阳槐园（马井）熊氏始祖启明公于明朝万历年间自江西南昌府丰城县田垛里徙居浏阳西满仓上市。熊氏家训包括居官、居乡、士人、农家、百工、商贾、大众、妇女等八个部分，对家族各行业各类别人群提出了具体要求，此节选即为"农家"。

②揹（kèn）：卡，刁难。

忌邻田禾苗茂盛妄生残害，不借口邻家六畜残毁禾苗唆人诈害。不做工懈怠，荒芜田亩。不以人家酒饭不厚，工钱短少，遂生怠惰，做假生活。爱惜车具，驴牛猪羊食禾苗者不轻刺戳。犁车牛路不图超近践人禾苗。

宁乡麦田卢氏 ① 《自治十六条》

戒假语以保天真，不独示信，亦且载福。

戒过食以养中和，不独却病，亦且延年。

戒丽服以保天真，不独端品，亦且励俗 ②。

戒苟取以敦质朴，不独修名，亦且笃志。

戒间言 ③ 以重廉耻，不独弭怨，亦且寡过。

戒侈豪以存忠厚，不独制欲，亦且练才。

戒嬉游以耐亏苦，不独远害，亦且成德。

戒小量以全大体，不独结义，亦且裕后。

学和气以迓 ④ 休祥 ⑤，不独履顺，亦且通神。

学退步以肖横逆，不独省事，亦且任重。

学静坐以彰威重，不独居敬，亦且生明。

学俭约以绵福泽，不独肥家，亦且润物。

---

①宁乡麦田卢氏：宁乡麦田卢氏始迁祖为卢华廷，约元代由豫迁宁乡麦田一带。

②励俗：激励世俗。

③间言：非议；异议。

④迓（yà）：迎上前，迎接。

⑤休祥：即吉祥。

学勤劳以壮筋骨，不独建功，亦且立命。

学取善以图长进，不独多能，亦且适道。

学公道以秉正气，不独安心，亦且赞化[1]。

学任过[2]以思补救，不独服从[3]，亦且回天[4]。

宁乡卢氏

① 赞化：赞助教化。

② 任过：承担过失。

③ 服从：此处的意思是让随从信服。

④ 回天：喻力量之大，能左右或扭转难以挽回的局势。

宁乡南塘刘氏 ① 家训

敬祖宗，孝父母，友兄弟，正室家，睦族党，

务本业，崇节俭，戒忿争，择交游，训子弟。

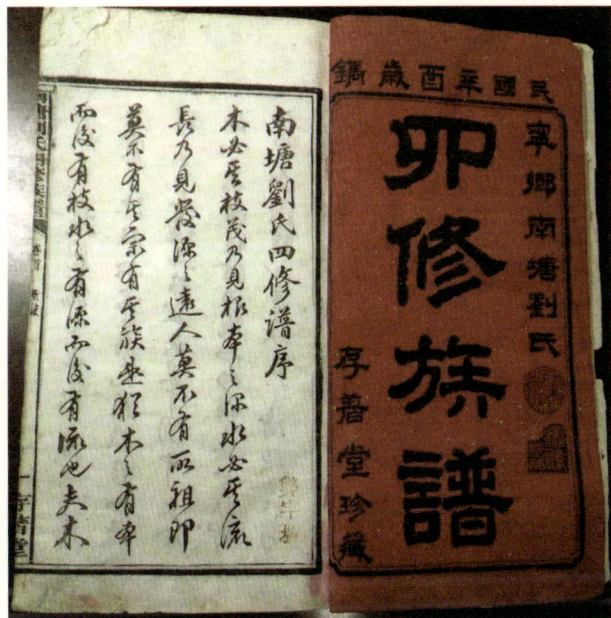

宁乡南塘刘氏族谱

---

① 宁乡南塘刘氏：明宪宗成化年间，南塘刘氏始祖刘时显于江西吉水县携眷
（喻氏）随子刘宝（任资阳县知县）迁益阳，后定居于南塘一带（今宁乡市花明楼
镇），史称南塘刘氏。刘少奇曾任国家主席，为南塘刘氏史上最为杰出的人物。

沩宁朱氏① 《家戒》

戒忤逆：不允许不孝父母，不允许违拗公婆。

戒凌长：不允许不敬长辈，不允许欺侮老人。

戒欺弱：不允许不顾弱者，不允许虐待弱人。

沩宁朱氏聚居地景观

---

①沩宁朱氏：沩宁朱氏始迁祖朱梦江（字汉南），明洪武元年（1368）从湖南湘乡迁居宁乡大田方，堂号沛国堂。

戒滥讼：不允许滥打官司，不允许以势欺人。

戒酗酒：不允许过度饮酒，不允许喝酒伤人。

戒淫乱：不允许嫖娼宿妓，不允许乱性犯法。

戒流荡：不允许不业流浪，不允许闲游生事。

戒赌毒：不允许聚众博彩，不允许贩毒吸毒。

戒盗劫：不允许窃劫财物，不允许扰乱社会。

戒滋衅：不允许敲诈勒索，不允许寻衅滋事。

戒唆事：不允许怂恿坏事，不允许教唆是非。

戒懒惰：不允许不劳而获，不允许游手好闲。

湘乌宋氏① 家训

爱祖国，以备效忠。敬祖先，以晓血统。

敦族谊，以分昭穆②。修家乘③，以记世系。

孝父母，以报生养。当家长，以身作则。

教子女，以禁非为。为人民，以尽职责。

湘乌宋氏家族墓

---

①湘乌宋氏：宋末元初，宋氏裔杰、裔英、裔俊三兄弟自湘潭迁宁乡乌江流域，此即"湘乌宋氏"始迁祖。

②昭穆：古代宗庙或墓地的排列次序。始祖居中，以下按父子辈分排列为昭穆，昭居左，穆居右，以此区分宗族内部的长幼、亲疏。

③家乘：指家谱。

扶老小，以示谦恭。和邻里，以息争端。

作好事，以力而行。守法纪，以儆愚顽。

勤劳动，以创世界。务正业，以守本份。

重农业，以足衣食。隆学校，以崇课读。

尚勤俭，以惜财物。除邪恶，以兴正气。

明大义，以振家声。知廉耻，以端人品。

讲礼貌，以厚风俗。守信誉，以善经营。

解仇忿，以保平安。戒诬陷，以求真实。

宁乡罗宦冲罗氏① 《十要好》

一要好，敬奉堂上双亲好，孝顺好。

二要好，兄忍弟宽真是宝，骨肉好。

三要好，夫妻相敬无烦恼，和气好。

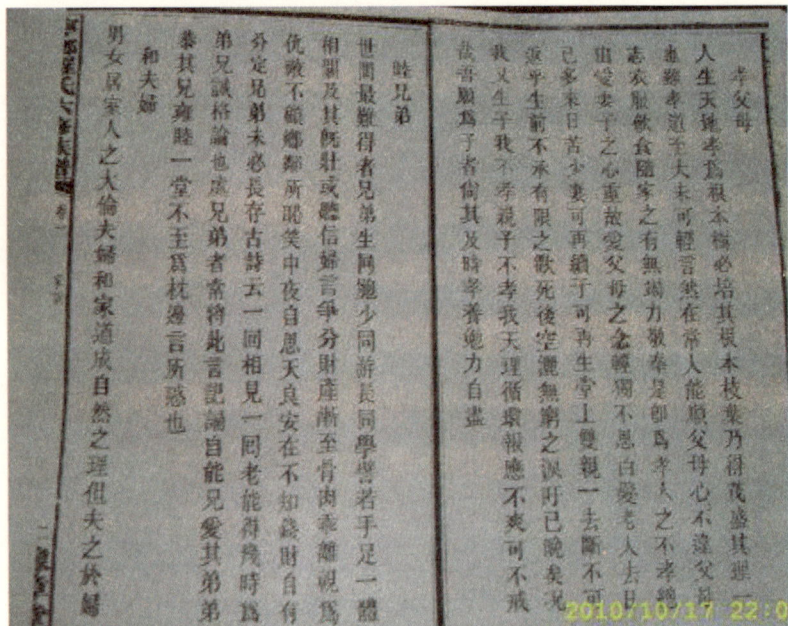

宁乡罗氏族谱上刊载的家训

① 宁乡罗宦冲罗氏：先祖仲孺公，为南宋状元易祓女婿。

四要好，子读诗书无价宝，声名好。

五要好，同锅共灶莫生吵，忍耐好。

六要好，亲戚纵富莫哀讨，来往好。

七要好，亲朋是非相劝了，阴骘① 好。

八要好，耕田种土都宜早，收成好。

九要好，切莫告状与作保，自在好。

十要好，堂前地下勤洒扫，气象好。

———

① 阴骘（yīn zhì）：阴德，即暗中行善积德。

沩宁易氏 ^① 《根本论》

溺爱妻子，不孝之根。枕边偏听，不友之根。

恃势专利，不睦之根。嫌贫媚富，不义之根。

任意轻诺，不信之根。不达人情，不恕之根。

得位即贪，不忠之根。溺爱不明，不和之根。

混合无别，不顺之根。骨肉离心，不祥之根。

手足生隙，外侮之根。大小不容，败家之根。

选财选色，反目之根。大小恃宠，内乱之根。

心闲身逸，淫邪之根。闺门不肃，败伦之根。

奸人妇女，诲淫之根。淫人嬬妇，绝嗣之根。

少不节欲，病夭之根。老不节欲，速死之根。

狂药不戒，祸病之根。奢靡不禁，贫困之根。

倚势强占，悖出 ^② 之根。巧夺田园，倾覆之根。

小忿不忍，激变之根。始念不慎，后悔之根。

---

① 沩宁易氏：沩宁易氏始迁祖为易欢，北宋大中祥符元年（1008）春率儿孙从江西吉安大和县千秋乡美仁里早禾坪迁宁乡巷子口落籍。沩宁易氏《根本论》作者为南宋理学家易祓。

② 悖出：取自成语"悖入悖出"，意思是用不正当的手段得来的财物，也会被别人用不正当的手段拿去。

不学吃亏，互争之根。不留余地，反噬之根。

不存远虑，近蹙之根。行险侥幸，亡命之根。

暗使阴毒，减算①之根。口蜜腹剑，众怒之根。

好谀恶诤，自愚之根。言行不谨，贾祸之根。

交游不择，连累之根。少小娇纵，凶暴之根。

少小安乐，浪荡之根。少壮因循②，不立之根。

惯学无益，自弃之根。富而刻薄，众怨之根。

贵而气盛，斥③辱之根。有才不敛，嫉妒之根。

受恩不报，交替之根。受托不忠，疏远之根。

南宋理学家易祓之墓

---

① 减算：指缩短寿命。

② 因循：此处的意思为迟延拖拉。

③ 斥：此处为责备的意思。

满不修德，必败之根。逆不顺受，磨折之根。

不安本分，取戾①之根。不惜廉耻，招辱之根。

有田不种，盗贼之根。有书不读，不肖之根。

① 取戾：获罪，受谴责。

宁乡平冈周氏 ^①《辨耻琐言》与《训家庸言》

〔辨耻琐言〕

人皆爱敬父母，我独孝养有亏，可耻。

人皆兄弟和睦，我独手足参商，可耻。

人皆交多良友，我独座无正人，可耻。

人皆忠君爱国，我独罔上^②病民^③，可耻。

人皆睦族和邻，我独招尤蓄怨，可耻。

人皆诗书儒雅，我独马牛襟裾^④，可耻。

人皆耕田力穑，我独游手好闲，可耻。

人皆勤俭起业，我独怠惰自甘，可耻。

人皆恤寡矜孤，我独幸灾乐祸，可耻。

人皆富而好礼，我独为富不仁，可耻。

人皆激浊扬清，我独欺善怕恶，可耻。

---

　　① 宁乡平冈周氏：宁乡平冈周氏于明洪武初由江西吉水泯田迁湘乡豆坡，洪武四年（1371）又徙宁乡，其始迁祖为荣伯公。

　　② 罔上：指欺骗君上。

　　③ 病民：为害人民。

　　④ 马牛襟裾：马、牛穿着人衣。比喻人不懂得礼节，也比喻衣冠禽兽。

人皆急公勇义，我独好逸偷安，可耻。

人皆雕梁画栋，我独茅屋土墙，不必耻。

人皆乘坚策肥①，我独敞车朴马，不必耻。

人皆旨酒粱肉，我独蔬食菜羹，不必耻。

人皆披罗曳縠②，我独布被缊袍，不必耻。

人皆俊仆艳姬，我独蠢奴拙婢，不必耻。

人皆扳豪结富，我独故旧贫亲，不必耻。

人皆假官恃役，我独息讼畏争，不必耻。

人皆倚势害人，我独息讼畏争，不必耻。

人皆刻薄致富，我独忠厚守贫，不必耻。

人皆恣淫纵赌，我独独凿井耕，不必耻。

人皆附势趋炎，我独守分安命，不必耻。

人皆事事奸巧，我独着着吃亏，不必耻。

人皆钻营得计，我独顺时听天，不必耻。

〔训家庸言〕

与其朝山拜佛，何不孝顺父母。

与其结社邀盟，何不友爱兄弟。

与其赂官贿友，何不周济乡邻。

与其演戏顽灯，何不修桥治路。

————————

① 乘坚策肥：意思是坐牢固的车，驾肥壮的马。形容生活豪华。

② 縠（hú）：用细纱织成的皱状丝织物。

与其创修寺院，何不建立宗祠。

与其供道斋僧，何不施孤济寡。

与其忍心溺女，何不薄奁遣嫁。

与其听信师巫，何不慎重医药。

与其建设佛事，何不遵行家礼。

与其延吊开堂^①，何不修坟志墓。

与其贪谋风水，何不培养心地。

与其谋夺田产，何不训导子孙。

与其结交匪人，何不亲近君子。

与其积财酿祸，何不拼本教书。

宁乡平冈周氏聚居地景观

---

① 开堂：此处指设灵堂。

宁乡洪氏[1] 《勤务歌》

或农或士或工商，为着生涯时时忙。

耳闻鸡鸣宜早起，莫到日出未离床。

昼出劳作夜读书，共工儿女[2] 各当家。

同心齐力建家园，集思广益报国家。

宁乡洪氏族人、抗日名将洪行

[1] 宁乡洪氏：宁乡洪氏先辈为教育子孙，创作了《勤务歌》，是以"歌"的形式流传下来的家训。

[2] 共工儿女：指洪姓子孙。洪氏得姓始祖为共工。共工为炎帝后裔，黄帝时任水官。据传共工为了不让自己的子孙忘记自己是水神，便在自己名字"共"的旁边加上"氵"偏旁，成"洪"字，留给子孙为姓。

勤耕苦读诸般好，浪荡闲游莫学它。

工农商学要努力，官高财富须平常。

手拿书本论古今，你问我答来追寻。

读书需要常勉励，成功之本在于勤。

每日三省悟自过，知足长乐享天伦。

只求处处平安事，但愿人人健康长。

国有贤臣社稷乐，家无逆子闹爷娘。

守国法梦里无惊，吃菜根淡中有味。

忍几句无忧自在，让三分何等清闲。

大丈夫成家容易，是君子立志不难。

宁乡萧家桥黄氏[①] 族训

追思祖德，宏念宗功。毋忘世泽，创造家风。

遵循孝道，睦族敦宗。济困扶危，意志一同。

毋因小忿，以伤和融。毋贪小利，以失大公。

团结合作，共存共荣。父慈子孝，言顺语从。

宁乡萧家桥黄氏聚居地景观

① 宁乡萧家桥黄氏：沩宁黄氏有数支，其中一支于清代前期由始迁祖凌云公自绥宁永宁乡迁宁乡萧家桥。

为尊爱幼，为幼敬尊。为兄则友，为弟则恭。

夫妻相敬，和乐相容。治家勤俭，常虑穷通①。

处世待人，至诚为重。认清善恶，辨别奸忠。

须识持物，莫贪虚荣。良朋多结，恶友毋逢。

步步踏实，贯彻始终。遇雄不缩，励志前冲。

克苦耐劳，自得成功。至於宗族，或辱或荣。

发展落后，全关教育。十年树木，百年树人。

所谓子孙，诗书宜读。听者共勉，愚者加督。

先求裔贤，后求金玉。莫因贫困，精神退缩。

迈向前途，创造幸福。思念水源，裔孙多诵。

---

① 穷通：指困厄与显达。

宁乡粟溪傅氏^①《家训八条》

孝顺父母。百行莫大于孝。孝也者，天之经，地之义也。人能孝则心和顺，自然无悖义争斗之事也。况父兮生我，母兮鞠我，欲报之德，昊天罔极^②。为人子者，能扬名显亲，邀大烹以奉父母，固足嘉也。抑或境遇困穷，而不能达其孝敬之心者，未必以为歉，而不知菽水可以承欢。故境遇有顺逆，而孝思则一。此老谱所以谆谆而告诫之也。

尊敬长上。长者，年高有德之谓。上者，爵位并逢之意。人能尊敬，则严惮日生，不入于匪僻，而德业亦有成矣。故《礼》曰："尊高年所以老其老。"孟子曰："用下敬上谓之贵贵。"可见人苟藐视尊长，侮狎大人，则流为小人之无忌惮。以老谱致训，可忽乎哉！

和睦乡里。古者十家为里，十里为乡。乡里之中声应气求，称仁里焉。假使矜骄倨傲，侮慢不恭，甚至唆弄是非，匪特^③族人恶之，即同乡共里之人皆鄙弃之矣。惟是和以处众，共敦孝友睦姻之道，

---

① 宁乡粟溪傅氏：宁乡粟溪傅氏始迁祖为太什公，于唐同光元年（923）致仕，寄籍新康宿溪（又作粟溪）。

② 昊天罔极：原指天空广大无边，后比喻父母的恩德极大。

③ 匪特（fěi tè）：不仅；不但。

粟溪傅氏聚居地附近的宁乡回龙山景区

则虽属异姓，而相好无尤。有不出入相友，疾病相扶持者，岂情也哉？

教育子弟。子弟之率不谨，由父兄之教不先。盖子弟幼时知识未启，为父兄者即当训之以诗书，导之以礼让。久久成熟，所谓习惯成自然也。其有性质穆静明敏者，则当加工以教，毋令半途而废。其资禀昏钝实不堪造就者，即教以勤耕陇亩，切勿令其飘荡无归而废时失业。此孟子所谓"中养不中，才养不才"，其旨深矣。

家庭和好。家庭之中，父子、兄弟、夫妇皆天性也。妻子好合，兄弟既翕，则父母顺之矣。使不然，或因财产而兄弟参商，或因细故而妻子分离，则情不顺，于性有亏矣。会抑思角弓兴刺，内墙致变，夫岂家庭之幸也？我族之人，尚遵谱训而无达焉。

敦宗睦族。宗族者，祖宗支派之所分也。苟宗族不睦，则必邻里受辱，而不知情属同气，不可以隔膜视也；谊共宗派，岂可作异礼观乎？人能敦睦，则自一本而九族亲，亲之道得矣。老谱以之垂训，其意不甚深与？

严戒恶行。积善之家，必有余庆。作恶之人，必有余殃。报应自不爽矣。故有丧德败行，或酗酒行凶，或淫欲敖恣，皆非礼也。更有貌似清流，居心奸险，阴为不肖者，尤所深恨。老谱曰："戒曰严，盖深恶而痛绝之也，可不慎与？"

拒绝匪类。异乡之人，素未谋面则不知其行为何如也。有等假作生活，窥探门户者，一入其家，密言套哄，或借屋居住，或就餐寄食，其始也受欺而莫觉。及一旦事发，为非作歹，罪及窝家，而追悔莫及矣。甚且居住既入，内外不分，名望受累，则上玷祖宗，下辱子孙，其为祸也岂浅鲜哉？故与其追悔于事后，必拒绝于平时。老谱遗训，当深凛之。

凡此八条，皆是前人遗训，我后人可不朝夕属守欤？

宁乡企石冈童氏 [1] 家训与《守成训语》

〔家 训〕

存心宜正，正所以祛妄念也，养廉耻也。

持身宜勤，勤所以崇本业也，防游荡也。

居家宜俭，俭所以惜福泽也，留有余也。

制事宜谨，谨所以策万全也，鲜过失也。

处世宜和，和所以释嫌怨也，召吉祥也。

〔守成训语〕

语言不择，暴气不除，得罪乡党，非守成也，慎默 [2] 其要也。

愚拙不安，本分不守，好为争竞，非守成也，诚笃其要也。

喜著纨绮，纵念酒食，不顾身家，非守成也，节俭其要也。

闲荡市头，戏从演剧，荒时废事，非守成也，勤劳其要也。

宗族一本之亲，守成者必尚和睦。

手足一体之分，守成者必尚友爱。

---

① 宁乡企石冈童氏：宁乡夏铎铺龙凤山童氏，又称企石冈童氏。

② 慎默：谨慎沉默的意思。

纪念童氏族人、温州道台童兆蓉而建的童公亭

　　仆婢傭役亦人之子，守成者必尚宽容。

　　持身非谦虚，则无以善其后，此守成之戒也。

　　持家非长厚，则无以固其本，此守成之戒也。

　　教子非诗书，则无以助于正，此守成之戒也。

　　至于耽花柳，惑僧尼，信巫术，其失更甚。守成者，当匮^①绝其端也。

①匮绝：尽绝。

宁邑谢氏①《劝戒训》

　　劝力田。古云："有田不耕仓廪虚。"又云："虽有饥馑，必有丰年。"倘本业不务，饥寒日迫，其流有未可知者。诸葛孔明以桑田贻子孙，不别治生以长尺寸，则知力田之利溥②也。后人念之。

　　劝力学。书囊无底，日新月异。做不了的工夫，嚼不尽的滋味。万

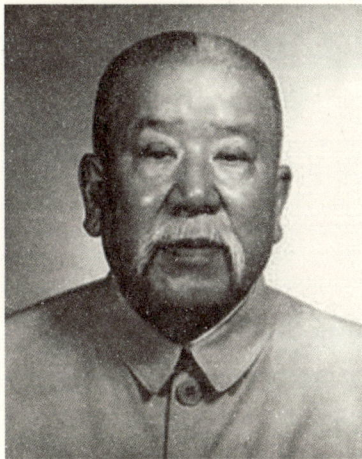

宁邑谢氏族人谢觉哉

里云程，皆从五更膏火中发轫。即或时命不犹，亦未为害。吾先乡贤公英砥节励行，以一处士老，至今崇礼孔子庙。其高尚何如？

　　劝积德。易曰："积善之家，必有余庆。"伊川云："一命之士苟存心于爱物，人必在所济。"故阴德是修，苍君者自尔览之。若肆行不轨，未有不召殃者。"勿以恶小而为之，勿以善小而不为。"

---

　　①宁邑谢氏：宁邑谢氏始迁祖为宇春公，元代至正间徙居宁乡唐市。

　　②溥（pǔ）：广大，普遍。

昭烈之所以敕后主也。旨哉斯言。

劝守法。刑之属三千，拳之则史还之。腐或当作别人论，人无帮而犯之者，是为不敬。其身不敬，其身是为不孝其亲。今人或忖符水，试险三木①，岂不怪哉？语曰："君子怀刑②。"信夫？

劝恤穷。鳏寡孤独是为四穷，或有不幸而遭此者，当于其哀哀无告中常体念而慰恤之，则好生之意洽，而刻忌之念清，乃行仕之一端也。

劝惜字。字纸落地，是识字人没收拾处，或委之街巷，或弃之粪坏，或以之糊窗壁，或以之包什物、拭器甲，无恤乎子孙梦梦不识一丁矣。家中尊长宜常检点，并论子弟收拾焚化，后福自无量也。

---

① 三木：古代刑具，桎、梏、拳合称"三木"，可以枷在犯人颈、手、足三处。
② 怀刑：是指畏刑律而守法。

宁乡荥阳潘氏 ^① 家训（节选）

　　家之有规，犹国之有制。制不定无以一 ^② 朝廷之趋 ^③，规不立无以为子弟之率。

　　存心。天良不昧，则民物皆吾胞与 ^④；恶根不斩，则骨肉必见仇雠。哀，莫大于心死，而身死次之。盖凡受人欺者，身虽害而心自若。彼欺人者，身虽得志，其心已斫丧 ^⑤ 无余矣。然则 ^⑥ 心其可不存乎？居心之要无他，曰毋不敬；推心之要无他，曰其恕。

　　修身。身者，一生之主，万世之根，后世子孙之所取法也，如之何不修？格致诚正，为修身而设；齐治均平，自修身而推。自天子以至于庶人，一是皆以修身为本。《曲礼》曰："手容恭，足容重，目容端，口容止，声容静，头容直，气容肃，立容德，色容庄。"此亦皆修身之明训也，而后人当三自身之。

---

　　① 宁乡荥阳潘氏：宁乡荥阳潘氏始迁祖于五代后唐同光年间居宁乡水南冲，南宋中叶徙迁宁乡田心。另一支始迁祖为明代志饶公。

　　② 一：此处意思是统一。

　　③ 趋：此处意思是归附。

　　④ 胞与："民胞物与"的略称。指以民为同胞，以物为朋友。后以"胞与"指泛爱一切人和物。

　　⑤ 斫丧（zhuó sàng）：摧残；伤害。

　　⑥ 然则：既然这样。

宁乡荥阳潘氏宗祠

孝父母。父母之恩，昊天罔极，岂可易言孝乎？惟内存深爱，外着婉容，冬温而夏清①，昏定而晨省，竭力以分其劳，承欢以养其志，谨疾以解其忧，和家以致其顺，父母或有过举则几谏之，妻妾不敬翁姑则必责出之。即不幸而父母没也，殡则必诚必信，葬则尽哀尽礼，厝不久奄②，祭以时举，于是不孝之罪寡矣。

敦手足。古人以手足喻兄弟，惟其痛痒相关也。嗟乎，今既至无良之人，未有以手残足，以足残手，何兄弟相残之纷纷耶？闻之

---

① 夏清（qìng）：指事奉父母，夏天使之凉爽。
② 奄：同"淹"，停留、久留。

虞舜喜弟，周公代兄①，宋君分痛②，邓伯弃儿③，夷齐逊国④，薛包让家⑤，他如缪彤之自捶⑥，苏琼之下泪⑦，牛宏之直答作脯⑧，韩公之诔⑨十二郎，友爱之情千古如见。兄弟相残者，合录数人故事而口诵心维，自兴敦睦之思矣。

---

①周公代兄：周朝时候，有个周公，姓姬名旦，就是武王的弟弟。武王在打平商朝天下的第二年，忽然生了病。于是周公就到太庙里设起祭坛，去禀告他的曾祖父太王、祖父王季、父亲文王，情愿把自己的身子去代哥哥。果然后来武王的病就好了。

②宋君分痛：宋太祖亲自为弟弟赵匡义灼艾治病。弟弟感觉疼，宋太祖也灼艾自灸，要给弟弟分担些疼痛。

③邓伯弃儿：邓攸，字伯道，平阳襄陵（今山西临汾东南）人。他小时以孝著称，被中正品评为灼然二品。西晋怀帝永嘉（307—313）末，他被石勒所俘虏，携带妻子逃出。由于考虑无法两全，他舍弃亲生儿子，而带侄子逃生。

④夷齐逊国：相传，殷末孤竹国国君有三子，伯夷为长子，叔齐为末子。国君认为三子中，叔齐最合适王位继承人。孤竹君死后，叔齐以长幼有序而坚持让于长兄伯夷；伯夷以父命难违而坚持不受。两人先后出逃周国，孤竹国只能立次子为君。

⑤薛包让家：薛包父母去世以后，其弟要求分析财产，各自生活，薛包劝止不了，便将家产平分，年老奴婢都归自己，他说："年老奴婢和我共事年久，你不能使唤。"田园庐舍荒凉顿废的，分给自己，说道："这是我少年时代所经营整理的，心中系念不舍。"衣服家具，自己挑拣破旧的，并说："这些是我平素穿着食用过的，比较适合我的身口。"兄弟分居以后，其弟不善经营，生活又奢侈浪费，数次将财产耗费破败。薛包关切开导，又屡次分自己所有，济助其弟。

⑥缪彤之自捶：汉朝时候，有一个人，姓缪单名叫彤。他在幼小时，就没有了父亲。兄弟四个人，住在一块儿。等到后来各自娶了妻子，这几个妇女们就要请求均分家产，已经有好几次了，甚至于屡次有争闹的言语发生。缪彤听见了很感愤叹息，就关了门，自己打着自己说道："缪彤呀缪彤，你勤修身体，谨慎行为，学了圣贤人的法则，想去整齐世界上的风俗，为什么不能够去正了自己的家庭呢？"他的弟弟们和那几个妇女听到了，就都在门外叩着头、谢了罪，缪彤才开了门出来。从此以后，他们一家的男男女女，就敦好和睦了。

⑦苏琼之下泪：北史苏琼为守，乙普明兄弟争田。琼谕之曰："天下难得者，兄弟，易得者，田宅。假令得田宅失兄弟，心如何？"因而泪下，普明兄弟洒泣谢罪。

⑧牛宏之直答作脯：隋有个叫牛宏的人，他的弟弟叫牛弼，喜欢喝酒还经常闹事儿，喝多了，还把他哥家拉车用的牛给杀了。牛宏回家后，他媳妇儿告状。牛宏听了后也没有什么反应，直接回他媳妇儿一句话："做牛肉吃，吃不完做成牛肉干儿。"然后还当什么都没有发生过，继续勤奋读书，由此看出他性格非常宽厚平和。

⑨诔（lěi）：叙述死者功德以示哀悼。

务耕读。君子当尽其在我①。不义而富且贵，于我如浮云。若勤耕而得富，则非不义之富也。若读而得贵，则非不义之贵也。古昔盛时，有井田以安天下之野人，故衣食足而国无游惰。有学校以教天下之士子，故礼义兴而朝多圣贤。秦汉而后，田由民置，学尚虚文。然既生于世，既不得不勤耕苦读也。吾族朴者宜归农，毋辞胼胝之劳。仰足以事，俯足以畜，不期其富而自富矣；秀者宜归学，毋畏就将②之苦，则太上立德，其次立言，不期贵而自贵矣。

和族邻。祖宗，父母之本也，父母，吾身之本也，兄弟，吾身之分也，族人，兄弟之分也，不可以不思也。思则饥寒而相娱，不思则富贵而相攘，思则万叶而同根，不思则同母而化为胡越③，思不思之间而已矣。凡我族人，谁非一脉，务宜同心一德，万勿尔诈我虞。既有不平，亦鸣族赴祠，辨明则止。而居尊者须举公断直，不应依阿④致讼，令途人大笑，以为同室操戈也。若夫邻与吾共居兹士，自当喜相庆，忧相吊，有无相通，患难相扶。倘坐视不顾，闭户自高，则为无良之民，而相怨一方矣。

维风俗。范文正公做秀才时，便以天下为己任。区区⑤族党之风俗，而不思所以维之，不几虚生于两间⑥耶？盖吾人伏处族党中，有德之人当尊之，有志之士当成之，节孝之行当举之，忍让之家当表之。

---

①尽其在我：尽自己的力量做好应做的事。
②就将：谓每日有所成就，每月有所进步。
③胡越：比喻敌人或对立关系。
④依阿：曲从附顺。
⑤区区：旧时谦辞，我。
⑥两间：谓天地之间。指人间。

若夫奸佞者，刻薄者，索利而忘义者，健讼而罔上者，皆当以理喻之，以情化之，以覆宗绝嗣恐之。否则正颜色以谢之，戒子弟以远之。夫如是，君子亦勉于善，小人必悔其过，何患风之不醇而俗之不美乎？昔彭觉所先生《勉儿侄赴秋闱》诗曰："百花亭醉广寒春，雪简萤篇慰苦心。变化应从龙见者，英雄岂但鹿鸣宾。皋伊周召吾儒事，卢骆王阳末世珍。请诵岳阳楼上记，先忧后乐是何人。"至哉斯言，特敬述之勉而后人，以去浮崇实为心，以整躬饬己为务。幸而得志，上佐雅化，下成伟人，岂不美哉！

清白传家

家风故事

长沙传统家规家训家风

家风继世　桑梓情怀

——清末方志学家陈运溶的家风传承故事

陈运溶,字子安,号芸畦,又自号灵麓山人,湖南善化县七里营(今属岳麓区)人,出生于清咸丰八年(1858),约逝世于民国七年(1918),是晚清著名的方志学家。

陈运溶出生于名门世家。清光绪二年（1876），陈氏族人建宗祠于长沙戥子桥,堂号"颖川"。在陈运溶时期,陈家在长沙城拥有丰厚产业,经营着长沙八角亭一带的地产。

陈运溶自幼聪颖,18岁即成太学生,授修职郎、江苏补用县丞。但他淡泊仕途,寓居长沙赵家坪(今芙蓉区肇嘉坪),毕生致力于著书、辑书和刻书,尤其对搜寻、辑录湖南古地理、古艺文佚书竭尽全力,成为晚清著名的方志学家。陈运溶自己刻印大量书籍,全是亏本生意,只能靠家族地租和商业收入提供经济保障,"以商养文,以地养书"。

陈运溶对抢救古佚书有一种十分强烈的紧迫感,义无反顾地投入大海捞针式的佚书辑录工作。他在《湘城访古录自叙》中描述了"搜通剔隐"的艰难:"从编残简断之中,寻芳泽遗芬之迹。模山范水,特标一语之奇;咏物摅怀,广辑百家之说。但迹近于创,

《湘城访古录》和《湘城遗事记》

前无所因，始事为艰，成书恐陋。彼遗文之零落，莫可追寻；若中秘之储藏，无从浏览。余虽不敏，屡欲网罗。因而阅市借人过目者，经千余种，摊笺字著录者约五百条，间有未见之书，以俟拾遗之作。"

陈运溶先后辑录、刊印了大量的古地理佚书、方志和湖湘历史文献，计有《湘城访古录》《湘城遗事记》《麓山精舍丛书》《灵麓山人诗集》《逸庐文集》《吉光片羽集》等，达数百卷之多，而且都是自辑、自撰、自行刊印，其劳苦程度可想而知。湖湘方志、地理佚书、名人遗事经陈运溶辑录后，始现其条理眉目。陈运溶也一时声名鹊起，为士人所推崇。

陈运溶所著《湘城访古录》，对长沙往迹，大至建制沿革、政治风云、军事角逐、名流过往，小至每座寺院、园亭，乃至每条街巷，无不"旁搜群籍，博采名家，穷厥源流，事俱典雅"。《湘城访古录》大量收录了长沙市区明代以前的原始资料，大多翔实可靠，可补县府志不载，亦足以纠明清地方志之讹误。

陈运溶的功绩没有为后人所埋没，不少文史专家对其作了很高的评价。2006年，陈运溶所著、所辑的《湘城访古录》《湘城遗事记》和《麓山精舍丛书》，均被列为湖南省重大文化工程《湖湘文库》的出版书目。

陈运溶后人多有继承其遗风遗志者，秉承浓郁的桑梓情怀。陈运溶侄孙陈士名是一名商人，热心慈善事业。他将戥子桥陈氏宗祠改建为"至善小学"，免费招收穷苦儿童入学。在长沙仓后街创办"兼善堂"，免费或低费为贫苦人家办理后事。《湖湘文库》项目刊印的《湘城访古录》和《湘城遗事记》也是由其后人陈先枢先生校点出版的。

公忠体国　端敏恒毅

——晚清名臣胡林翼的家风传承故事

胡遂，女，1956年生，原湖南大学文学院教授。胡遂曾被全国800万名大学生评选为"全国百佳教授"，在湖南大学更流传着"不听胡老师的课，简直是一种损失"的说法，可惜其英年早逝，于2017年9月不幸逝世。而胡遂与晚清名臣胡林翼是玄孙女与高祖父的关系。从"名臣"先辈，到"名师"后人，胡氏家风代代传承，延续着士人的梦想。

士人辈出皆因"家风重学"

"我们家族十分看重读书，虽然胡林翼是以乱世军功而著称，但胡家却不是军人世家，而是一个士人辈出的书香世家。"胡遂曾在接受记者采访时介绍道。胡林翼是清道光十六年（1836）进士出身，他的父亲胡达源则是嘉庆二十四年（1819）殿试一甲第三名进士。孙子胡祖荫也考中秀才，最后官至清廷的邮传部侍郎。

胡遂的父亲胡有猷，是胡祖荫第六个儿子，在北平外国语学院、武汉大学中文系取得了两个学士学位。在胡遂的印象里，父亲是个对书很痴迷的人，特别重视对子女的教育。

胡遂曾回忆，"文革"时期，很多书都被称作"毒草"，父亲有一次偷偷跑到学校图书馆，手抄了一本《唐诗三百首》给孩子们读。当时，子女"检举"父母的事情不少，一位朋友知道父亲冒着风险偷抄"毒草"的事情，便问他："你敢拿'毒草'毒害自己的子女？不怕他们告你的状？"父亲只是摇摇头，笑而不语。

"那位朋友并不知道，在父亲影响下，我们三兄妹从小就喜欢读书。"胡遂曾告诉记者，父亲的要求也很严格，上小学前《唐诗三百首》《论语》《孟子》都要会背。

当时学校停课三年，但兄妹三人从来没有停止学习。三年时间里，胡遂阅读了很多国学典籍。"读书一直被我们看作最重要的事情，可以不吃饭，不睡觉，但不能不读书。"

士人之梦在于"公忠体国"

"胡林翼谥号'文忠公'，有'公忠体国'的评价。"胡遂曾介绍说，高祖父身上有着士人那份"公忠体国"的梦想。

晚清时期，朝廷腐败，官场黑暗，内忧外患，人人自危。但胡林翼和曾国藩、左宗棠等挺身而出，逆流而上。要做到这一点，信念和能力二者缺一不可。

"士人读书是为了提升自己的学识和能力，其终极目的还在于报效国家。"胡遂曾分析，胡氏重学，也是希望子孙后代都能成为对国家有用的人才。

胡林翼在他的帅营挂了面旗幡，上面书写了一个巨大的"死"字，这做法很遭忌讳。但他在日记中写道："日夜悬一'死'字在床头，知此生必死，方能了却，做得事成。"

"为国谋事，不惜身死。这种精神一直感召着我们儿孙。"胡遂曾说，到今天，这份"公忠体国"的情怀演变成一种要为国家、为社会做贡献的崇高追求。

胡遂曾介绍说，在 15 岁那年，她成了一名代课老师。父亲高兴得不得了，写了一首诗勉励她："教育吾家事，怜儿燕翼新。亲衰供菽水，体弱怯风尘。放眼观寰宇，何遑计一身。训蒙方任重，养正贵谆谆。"

这首诗中，一句"怜儿燕翼新"，体现了胡有猷对女儿的怜爱之情，一句"何遑计一身"却又满怀豪情地鼓励女儿为教育事业奉献力量，一种舍小家为大家的情怀跃然纸上。

处世为人讲求"端敏恒毅"

"端敏恒毅"四字，是胡遂的太高祖胡达源流传下来的家规，也是胡门子孙代代信奉的处世哲学。

"这四个字中，包含了许多中华民族的传统美德。"胡遂曾解释，"端"，指人品、道德的端正，坚持正确的目标和人生信念；"敏"指行动敏捷，"敏于事、讷于言"，重视实干、重视行动；"恒"通"弘"之意，即有宽阔宏大的胸怀，达观处世，始终保持希望；"毅"

就是做事要有毅力，能够坚持不懈。

这其中，一个"端"字居于首位，就是告诫胡氏后人，"德才德为先"，要堂堂正正做人。

胡林翼一生为官清廉，两袖清风，他初任湖北巡抚时，正值武汉两次失陷、湖北大半沦没于太平军，可谓库储一空，百物荡然，然而胡林翼通过改漕章、通蜀盐、整榷务等手段，岁入四百多万两银子。

然而在家书中，胡林翼却曾写道："我必无钱寄归也，莫望莫望，我非无钱，又并非巡抚之无钱，我有钱，须做流传百年之好事，或培植人才，或追崇先祖，断不至自谋家计也。"湘军创建者之一郭嵩焘也说他"位巡抚，将兵十年，于家无尺寸之积"。

长沙通泰街胡家菜园胡林翼五福堂旧址

　　20 世纪 60 年代初，胡有猷曾担任原长沙市北区朝华中学的教导主任兼总务主任，因为主管学校财务，巴结他的人不少。胡遂记得有一天，下着瓢泼大雨，有个人打着雨伞来到家里，带了一盒月饼来送礼，父亲坚决不收，那人将月饼塞到他手里就走了。

　　当时，年幼的胡家三兄妹看到香喷喷的月饼，馋得直咽口水。可父亲一头扎进雨里，将月饼放在天井正中央的地上，任凭雨水噼里啪啦地浇淋，也不让儿女们去动它。

勤廉俭惠　泽被后世

——晚清重臣左宗棠的家风传承故事

在长沙市湘春路 305 号第二工人文化宫西北角，有一处看起来并不起眼的假山，实为原左文襄祠遗留下来的石山。2010 年，该石山被确定为长沙市不可移动文物。

左宗棠（1812—1885），字季高，谥文襄，湘阴人。左宗棠与长沙渊源深厚，曾建公馆于长沙市司马里。左文襄祠则于公元 1885 年开始修建，正门从湘春门内北正街（今群力里）进，坐西朝东，

原左文襄祠保留下来的假山

上书"左太傅祠"，祠内原有池塘、石山、石舫等。长沙"文夕大火"时，祠堂被毁，只保留了部分石山和古墙。

由于左宗棠常年在外，公务繁忙，家书便是他教育子弟的主要方式。"发上等愿，结中等缘，享下等福；择高处立，寻平处住，向宽处行"，左宗棠题写的这短短24个字，既是对自己的要求，也是整个左氏家族的家训，凝聚着深刻的人生哲理。"发上等愿，结中等缘，享下等福"就是胸怀远大抱负，只求中等缘分，过普通人生活；"择高处立，就平处坐，从宽处行"，则是看问题要高瞻远瞩，做人应低调处世，做事该留有余地。

左宗棠强调耕读为本，认为读书的目的主要在于明理。他在给长子孝威的信中说："读书最为要紧，所贵读书者，为能明白事理，学作圣贤，不在科名一路也；如果是品端学优之君子，即不得科第亦自尊贵。若徒然写一笔时派字，作几句工致诗，摹几篇时下八股，骗一个秀才举人进士翰林，究竟是什么人物？"还说："只要读书明理，讲求做人，及经世有用之学，便是好儿子，不在科名也。"在给儿子孝宽的信中他这样说："诸孙读书，只要有恒无间，不必加以迫促；读书只要明理，不必望以科名。子孙贤达，不在科名有无迟早。亦有分定，不在文字也。"

左宗棠每言教子当以"义方"，且自己知行合一，身体力行，言传身教。他一生为官清廉，克己奉公，融勤、廉、俭、惠于一身，并将此作为家风发扬光大。"勤廉俭惠"四字不仅激发了他身上的天地正气与家国情怀，成就了他一世英名，还给后世留下了宝贵的精神遗产和千古不朽的"义方"。左宗棠子孙后代秉承左氏家训，正直立身，自强不息，代有闻人，这也彰显了左氏家训在家族教育中发挥的恒久影响力和积极作用。

勤俭持家　姆仪家范

——岳麓书院山长王先谦母亲的家风传承故事

王先谦（1842—1917），湖南长沙人，字益吾，晚号葵园，世称葵园先生。辛亥革命后，署名遯。同治四年（1865）进士。中年辞官归里，潜心讲学，为岳麓书院最后一任山长。

王先谦平生致力于经学和史学，义理考据与经世致用并重，尤以整理国故最负盛名，是清末民初的经世派大学者。

有谭延闿题记的王先谦画像

王先谦母亲鲍氏系清代湖南善化县榔梨凉塘（今属于长沙县黄兴镇）人，出身于书香世家，从小接受过较为系统的儒家传统教育，知书达礼，颇具才华。

鲍氏生有四子四女，王先谦是其最小的儿子，受其母教导颇多且深。王先谦在其所著的《葵园四种》中，对此有比较详尽的描述。

太夫人无几微怨怼之色，且时以乐天知命宽慰府君。府君尝叹曰："愿汝他日先我没，我得为一文祭汝，以章汝德也！"后太夫人每语儿妇辈云："吾当时诚不意全活至今，然以汝父专精于学，虽饿死无怨。男子贵固穷，但闺阁内不知礼义，或相摧谪，则心分扰不能自力。此关于家道废兴甚大，汝曹志之。"

遇困乏者振贷无少吝，每戒不孝云："人当无时作有时看，有时替无时想。"至自奉则务崇节俭，逮老无玩好之需，金玉之饰。或强奉之，旋即屏置。家人劝以戏具为乐，太夫人曰："吾但愿家庭整严，内外辑和，男勤女奋，即是至乐。他非所愿也。"细务必亲，终日勤劳。恒言："吾非好劳，性实习此。且妇人不能作苦，福可长享耶？"顾语儿妇辈曰："汝祖母之教乃如是，吾家相传家规，当世世谨守之。"故弥留之前夕，不孝泣禀太夫人前云："脱有不讳，儿必恪守家规，一如母生存时谨身安分，以继先府君未竟之志，不使吾母含恨九泉。"

醇风美德　世励清操

——清末儒商朱昌琳的家风传承故事

朱昌琳(1822—1912),字雨田,又字禹田,长沙县安沙镇棠坡（今和平村）人,为清末儒商,是国务院前总理朱镕基的曾伯祖父。

朱昌琳功授候补道,赠内阁学士,曾任阜南官钱局总办。他以经营谷米起家,后开设乾顺泰盐号、朱乾益升茶庄,转贩盐茶,设立钱庄,投资近代工矿业,成为当时长沙首富。

朱昌琳

清咸丰十年(1860),朱昌琳为休养余年,在长沙市开福区德雅路丝茅冲一带修建朱家花园,又名"余园",其大门刻有"读书继世,忠厚传家"的家训。

朱昌琳一生以儒家理念经商理财,历五十年而成巨富,同样亦以儒家思想治家教子。他鉴于其时"大家风气"日渐奢靡,以致"家道日衰，而不知所终"，便以其家族口授相传之家法，手订"家章"，以训诫子孙后代。其于婚丧节庆之用度、居家往来之馈赠、僮仆奴婢之管束等，都有严格的规定。而于"不讲礼法""懈怠奢侈""摴蒲六博""吸食洋烟"等，则严为禁止。而且告诫后人，要勤俭持家、乐善好施。在朱昌琳的严格要求下，朱家子孙多能恪守家训，耕读成才。郭嵩焘曾在谈及长沙省城诸大家子弟时赞叹道："惟朱禹田子弟，循循礼法，读书能文，辉光日新，最足欣慕。"

朱昌琳乐善好施，耗巨资在长沙设保节堂、育婴堂、施药局、麻痘局，置义山、办义学、修义渡，捐资修路、疏浚新河，并多次捐赠大批粮食、布匹赈济山西、陕西等省灾民，是长沙近代慈善事业的开创者。朱昌琳儿子、侄子或因父辈恩荫，或因科举，相继入仕当官，都留下了清正廉洁的官声。

朱昌琳的弟弟朱昌藩，族名朱咨桂，生有3个儿子，其最小的儿子朱访绪即为朱镕基的祖父。朱镕基三伯父朱宽浚之子朱镕垂，在编撰关于家族历史的书稿时，曾用一句话总结朱氏家族的为官居家之道："十五世诸祖均取朝廷功名，为官清正，世励清操，为民办实事。戒奢靡，崇俭约，忠厚孝友，和宗族，睦乡邻，醇风美德，世代相传。"

清廉自守　垂芳后世
——宁乡最后一任知县刘垂芳的家风传承故事

"三年清知府，十万雪花银。"这句话道出了晚清官场的污浊乱象。不过，晚清最后一任宁乡知县刘垂芳，当了数年"县太爷"，民国时期又相继官居多地警察署长，告老还乡时竟"上无片瓦，下无寸土"，卸任后靠一人打两份工养家糊口，成为当时官场的一股清流。

"从爷爷到父亲再到我，勤廉、奉公、敬业这六字家训，从来不敢忘记！"刘垂芳的孙子、雨花区金地社区刘寿生老人，打开一份尘封61年的泛黄传记，跟记者讲述了爷爷刘垂芳清廉自守和清白传家的故事。

当了数年知县，卸任时买不起房屋

"父亲为官清廉，以致卸任后毫无积蓄，上无片瓦、下无寸土……"传记中刘寿生的父亲刘恩元这样讲述爷爷刘垂芳。而传记手写线装，已经出现明显的残破。

刘垂芳 1875 年出生在江西南丰，父亲早逝，由母亲独自抚养长大，无任何兄弟姐妹。光绪年间，朝廷开科取士，刘垂芳考录为湖南候补知县。由于家贫，他连赴湖南上任的差旅费都没有，只得卖光祖传的几亩薄田筹措盘缠。其在长沙候缺了一年多光景，于 1908 年任宁乡知县。"好不容易熬了个正七品的芝麻官，当时很多人官很小，却大肆贪污，但我爷爷却一直廉洁奉公。"刘寿生介绍，1911 年辛亥革命后，当了数年知县的刘垂芳依旧穷困潦倒，不仅没买房置地，卸任后竟连租房的钱都没有。传记记载："全家十余口，寄居在叔伯兄弟在水陆洲将军庙 8 号租下的几间瓦屋里。"

八年警察署长卸任后，打两份工养家糊口

在民国期间，勤勉能干的刘垂芳从长沙东区警察署长、水警第一署署长，一直干到河南许昌警察署长和湖北汉口地方法院书记官。1919 年，体弱多病的刘垂芳卸任回到长沙。

"从好县官当到好警察，爷爷一直清廉自守。"刘寿生说，在乱世当了八年地方警署的一把手，爷爷卸任后居然要靠打两份工来养家糊口。好学的刘垂芳退休后钻研医术，白天行医看病，晚上研究药典，同时在长沙普济轮船公司担任文书工作，年过半百仍靠打工的薄薪养活全家十余口人，直到 1931 年去世。

好家风一脉相承，后人坚守廉勤本色

在刘寿生珍藏的唯一一张爷爷刘垂芳的照片中，头戴瓜皮小帽的刘垂芳浓眉大眼，目光如炬。"大家都说我长得像爷爷。"正如刘寿生所说，他和照片中的刘垂芳非常神似。

刘寿生告诉记者，爷爷敬业奉公的秉性，不差毫厘地传给了父亲刘恩元。刘恩元一生在轮渡公司工作，辛苦打扫一天船舱，所得不过 5 斤盐巴。刘恩元姊妹十人，挤在坡子街路边井一处 23 平方米的破烂棚屋里，"站起来伸手可以摸到瓦。"然而，从这间破烂棚屋走出的十姊妹相继成家后，共为家族培养了 16 名共产党员，他们不管是在机关企业工作，还是自己创业，都像刘垂芳一样勤廉敬业。

"大伙都觉得，刘寿生不仅长相像爷爷，敬业奉献、发挥余热等很多品质都像爷爷。"刘寿生退休前是长沙内燃机配件总厂的管理人员，近年来一直义务服务于社区，在文明创建、扶危济困、化解矛盾、和谐邻里关系等方面倾尽全力。

刘垂芳和夫人合影的老照片

墨庄世业　黎阁家声

——望城区田心坪《刘氏族谱》中记载的家风故事

　　望城乔口田心坪（南坪）刘氏，早年自江西迁入湖南。据刘氏族谱记载，其始祖可以上溯至汉代的刘向、刘歆父子。在《刘氏族谱》中，记载有《朱子墨庄记》和《黎阁家声》两则家风故事。

　　《朱子墨庄记》指宋朝著名理学家朱熹写的一篇名为《墨庄记》的文章，其来源于刘氏先人刘式的这样一个故事：江西人刘式，本为南唐进士，宋初官任刑部员外郎，酷好读书，藏书丰厚。刘式死后，其夫人陈氏召集诸子说："你们的父亲为官清廉，死后没有为你们留下什么田庄产业，只有遗书数千卷传给你们。这可称之为墨庄，希望你们在墨庄里辛勤耕耘，好好继承这份珍贵的祖业。"此后，刘式的儿子们遵从母训，刻苦攻读，最后都学有所成，成了名人。此事在当地民间和士大夫之间传为美谈，陈夫人因教子有方，被人们尊称为"墨庄夫人"。因机缘巧合，朱熹听闻此事后，专门写了《墨庄记》这篇文章，以纪其美。

　　《黎阁家声》讲的则是刘氏先人刘向勤学的故事。刘向（约公元前77年—公元前6年），西汉经学家、目录学家、文学家，本名

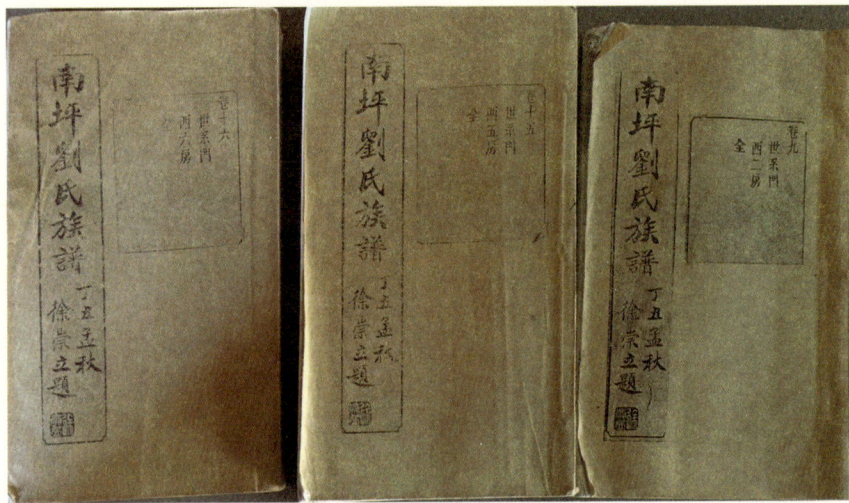

望城田心坪（南坪）刘氏族谱

更生，字子政，沛（今江苏沛县）人。刘向曾校阅群书，撰成《别录》，为我国目录学之祖。传说刘向在任光禄大夫时，一次于皇家图书馆天禄阁校书至深夜，烛尽灯熄，刘向不寝，仍闭目背诵诗文。忽有黄衣老者扶青藜杖叩门而入，一口气吹燃藜杖，顿时火光通明。刘向见状对老人肃然起敬，施礼相迎，询问老人尊姓大名。老人答道："我乃太乙之精，天帝悯卯金（指刘姓）之子勤学，遣我前来传授《洪范五行》之文。"后来，刘向果然成为一代宗师，在中国文学史上建立不朽功业。

此后，"墨庄""藜阁"就成了刘氏家族的代名词，世代以"墨庄世业，藜阁家声"相传。刘氏族人为告诫子孙后代不忘"耕读"，还将《朱子墨庄记》和《藜阁家声》两则故事载于族谱之上，代代传颂。

母子同归　孝义可风

——望城区杨家山村流传久远的家风故事

"天朝佚事勒心碑，见说兵惊叹母危。月隐云移星出没，时慌马乱子依偎。军为角里彰风义，史鉴前尘论是非。宅坆题词名气永，莺啼枝上柳依依。"此诗讲述的是望城区杨家山村一则流传久远的家风故事。

望城区格塘镇杨家山村，位于沩水北岸约一华里的地方。在这里，有一个小地名叫"孝义可风"。清朝道光年间，此地有座明清古典建筑风格的三进堂民居，屋后树木参天，绿竹掩映，宅前水塘清冽，朝日晚霞，俨若天然画卷。

此宅的主人姓周，素来以农为业，忠厚淳朴，清白传家，在当地小有名气。咸丰初年，洪秀全领导的太平军以摧枯拉朽之势，剑指岌岌可危的清廷。清廷恐惧，故意散布流言，诬称长毛贼杀人放火，无恶不作。扑朔迷离，老百姓也一时难辨真伪。

身处兵荒马乱之际，百姓自是流离失所。村民为避兵燹，全都躲而不见。偶闻鸡声，则诚惶诚恐。谁知屋漏偏逢连夜雨，就在大兵来犯之际，年迈重病的周母却久卧不起，朝不虑夕。自知大难将临，周家儿子国保更是心急如焚。周母反复叫儿子国保躲开，国保却孝心不忍，只是潜伏于屋后的丛莽中，出没晨昏，侍奉汤药。

待到当日大兵进村时，天色将晚，乌里哇啦一群溃败的清兵，气势汹汹，并冒称太平军。儿子国保见状跪地求饶，直言："军爷请高抬贵手，我妈是苦命人，气息奄奄，要死母子同归！"国保撕心裂肺，一声声一句句与之纠缠。紧急关头，一声炮响，真正的太平军先锋到了。清兵丧胆，撒手逃窜。

正所谓无巧不成书。原来是太平军与清兵在靖港一战，清兵溃败逃散至此。而太平军逐北，正好打此路过。太平军天王洪秀全得知周国保危难之中救母的事迹后，深有感触，用饱蘸浓墨的笔，在周家大门横眉题书"孝义可风"四个大字，以彰风义。自此，"孝义可风"便成了这个地方的名字。

清朝、民国期间，"孝义可风"一度成为沩水北岸最是醒目的

望城区靖港镇杨家山村今貌

地理标志（因为位于广袤的茅草民居之间）。1949 年、1954 年经历两次洪水，"孝义可风"却像一艘舰艇一样，长时间屹立于汪洋之中而不倒。民间都传说是得益于洪秀全墨宝的煞气，镇住了水妖淫威。此说虽为迷信传言，但旧宅曾长时间保存完好，孝义故事更是一直传唱至今，却委实不假。

截发留宾　封鲊责子

——东晋名臣陶侃的家风传承故事

在东晋王朝偏安江南的过程中，有一位正直廉洁、勋名卓著的历史人物与长沙结下情缘，他就是东晋一代名臣陶侃。

陶侃（259—334），字士行，鄱阳人，以军功封长沙郡公，拜大将军。其父陶丹为三国时期名人，官封吴国扬威将军，为官清廉，可惜死得很早。晋灭吴后，陶氏家道中落，陶侃随母湛氏迁庐江郡浔阳（今江西九江）。

陶母湛氏贤惠仁义，教子甚严。鄱阳人范逵素闻陶侃之名，故其举孝廉、赴京师之时，特顺路投宿拜访。当时正逢冰雪积日，陶家一贫如洗。湛氏遂剪下一束长发换米数斛，又将屋柱砍断劈作烧柴，将垫床草铡碎作马料，热情周到地接待了范逵。范逵与陶侃一见如故，相见恨晚，一直谈到深夜。范逵不仅叹服陶侃才思敏捷，更为陶母克己待人的仁爱之心所感动。范逵至京师后，广为传播陶侃母子事迹，使之大获赞誉。这也是今天"截发留宾"故事的由来。

不久，陶侃得到庐江太守张夔的赏识，先后担任了渔梁吏、督邮、县令和郡主簿的官职，并表现出非凡的才能。陶侃在担任渔梁吏时，

相传为祭祀陶侃而修建的大王庙，位于今芙蓉区张公岭

他在食用官府的鲊鱼（腌鱼）时，想起了贫寒中的母亲，就用陶罐盛了一点送给她。不料母亲非但不受，还将陶罐封上退回，并回信责备说："汝为吏，以官物遗我，非惟不能益吾，乃增吾忧矣！"此事给陶侃的教育很深，这也为他后来的清廉为官打下了基础，"陶母退鱼"的故事也一直留传至今。

西晋初，荆湘地区时局动荡，流民起义和镇将兵变不断发生。陶侃领军征剿，并因功官至武昌太守。陶侃为人谦和有礼，为官勤于职守。他常对人说："大禹珍惜每一寸光阴，至于众人，更当珍惜每一分光阴。岂可逸游荒僻，生无益于时，死无闻于后。"他对自己要求极严，在被排挤到广州当刺吏时，从不沉溺于安逸生活。无事时，他坚持每天运百口大青砖到斋外，晚上又运进去。

311 年，流民在临湘（即长沙）举兵起义。313 年，陶侃率部在武昌与义军激战匝月，大败义军。次年，陶侃又统军 10 万入湘，直抵长沙，屯兵城西，与义军隔江对峙。他恩威并用，终于在 315 年彻底平息义军，占领长沙。

长沙经数年战争，地荒人稀，经济凋敝。陶侃进入长沙以后，关心人民疾苦，致力恢复生产。327 年，东晋发生苏峻之乱，陶侃很快将叛乱平定，又因功升侍中、太尉，加都督交、广、宁三州军事，并封为长沙郡公。于是，他十几年前的驻节之地长沙，又成了他的"食邑"。

陶侃晚年居住武昌，情系长沙。他曾多次打算告老还乡，但因部属一再苦留而未能实现。334 年 8 月，陶侃病逝于辞官归长的途中。陶侃逝世后，依照他的遗嘱，将其灵柩护送回长沙，安葬于"城南二十里"处。

在长沙期间，陶侃给这片古老的土地留下不少遗迹。初入长沙时，他曾于岳麓山下开庵以居，并手植杉树，世称"杉庵"，故址在今岳麓书院内濂溪祠旁。陶侃大军屯驻长沙城西，曾于"县西南五里"，即枫林宾馆以北筑关，今号"陶关"。陶侃去世后，其孙陶淡、曾孙陶烜曾结庐于长沙橥梨临湘山，在此潜心修炼，相传后羽化而去。至今香火不绝的陶公庙，就是人们为祭祀他们的"洁布仙躯"而建的。

一代名臣魂归长沙后，人们将他居住过的贾谊故宅改为陶侃庙，不久又迁建城南，历代祭祀不绝。明嘉靖年间，长沙知县吕延爵以该庙部分堂舍改建为书院，并以陶侃珍惜光阴的名言，取名"惜阴书院"，其遗址即今长沙惜阴街惜阴小学。时至今日，在长沙市芙蓉区的张公岭，仍保留有一座大王庙，专门用于祭祀陶侃。原长沙县城区的礼贤街（今长沙市城南沙河街北段），相传也是为纪念陶母湛氏而命名的。

画荻课子　文脉绵延

——浏阳欧阳氏的家风传承故事

　　浏阳的欧阳家族，源出"唐宋八大家"之一的文学家欧阳修。这个家族坚持"玉不琢，不成器；人不学，不知道"的千古家训，人才辈出，是享誉一地的文化世家。

　　欧阳修是吉州永丰（今江西省吉安市永丰县）人，其父欧阳观曾在绵州（今四川绵阳）任推官，主管刑狱。欧阳修四岁时，父亲欧阳观便患重病去世了。欧阳观为官清正廉洁，没什么积蓄，欧阳修的母亲郑氏只得带着欧阳修到湖北随州去投奔欧阳修的叔叔。但其叔叔家也并不富裕，好在郑氏是受过教育的大家闺秀，便用池塘边长的荻草秆当笔，铺沙当纸，教欧阳修写字。这便是"画荻课子"典故的由来。

　　郑氏常用欧阳观生前的言行教育儿子，要求他清廉自守，敦厚待人。在母亲的教导下，天资聪颖的欧阳修勤奋好学。在叔叔给他留下的书籍读完后，他便常从城南的李家借书抄读，往往书不待抄完，已能成诵，"自幼所作诗赋文字，下笔已如成人。"

　　"玉不琢，不成器；人不学，不知道。然玉之为物，有不变之常德，虽不琢以为器，而犹不害为玉也。人之性，因物则迁。不学，则舍君子而为小人，可不念哉？"在欧阳修所撰的《诲学说》中，他用极其简练的文字阐述了深刻的道理，教诲人们只有"学"才能知"道"，才能懂得人生道理，才能成为有德有才的"君子"。

欧阳修不仅勤勉有加，而且为政清廉。他做官多年，一直带着寡母和妻儿借住在衙门大院，还租住过破旧的民房，"墙壁豁四达，幸家无贮储。"为了避免有人变相行贿，欧阳修甚至连辖区内出产的东西都不买。侄子十二郎要从南方来看望他，他在家书《与十二侄》中特别嘱托道："昨书中言欲买朱砂来，吾不缺此物，汝于官下宜守廉，何得买官下物。吾在官所，除饮食物外，不曾买一物，汝可安此为戒也。"

欧阳修后裔欧阳安时，于南宋淳熙四年（1177）到湖南参加考试。他十分喜欢浏阳的山山水水，于是从江西迁居浏阳马渡，成为欧阳氏迁浏始祖。

"积善之家，必有余庆。"几百年来，浏阳欧阳家族涌现出了一拨又一拨的人才群体。欧阳安时之子欧阳新，以经学著称，南宋末年曾任岳麓书院讲书。欧阳新之子欧阳逢泰，"经术行业，师表一方"，跟随他学习的弟子经常有几百人，后任潭州学录。欧阳逢泰之子欧阳龙生，南宋国学生，湖南考生三千多人，他考了第二名。元军攻破长沙后，他回浏阳隐居，恢复了文靖书院。

浏阳欧阳氏后人欧阳玄，字元功，号圭斋，元延祐二年（1315）取中进士第三名。欧阳玄为官四十余年，先后六入翰林，两为祭酒，两任主考，平生以史学成就最为突出，同时也以诗文闻名天下。因其学识渊博，文绩卓著，人称"一代宗师"。欧阳玄虽身为高官，平时却生活俭朴，待人谦和，同时代的诗人大家孙风洲赞颂他："圭斋还是旧圭斋，不带些儿官样来。"1357年，欧阳玄病逝于大都（今北京），朝廷谥号文，追赠大司徒、柱国，封楚国公。葬宛平香山，后归葬浏阳天马山，并建祠纪念。至今浏阳还保留有"圭斋路"的街名。

欧阳玄的十九世孙欧阳中鹄，清同治十二年（1873）中举，任内阁中书。受户部主事谭继洵之聘，教其子嗣襄、嗣同。清光绪三年（1877），欧阳中鹄从北京返回故里，谭嗣同、唐才常又拜其门下就读。欧阳中鹄知识渊博，谭嗣同称其学问"实能出风入雅，振前贤未坠之绪"。中国现代话剧创始人之一欧阳予倩，即是欧阳中鹄之孙。

浏阳欧阳予倩故居

仁德治家　传承儒学

——浏阳达浒孔氏的家风传承故事

在浏阳达浒镇金石村，生活着一群孔子后人。在这里，也有湖南省内唯一的一座孔氏家庙，现已被列为长沙市文物保护单位。

据浏阳孔氏宗谱记载，唐代宗时，孔子的第37世孙孔巢父出任潭州刺史，来到长沙。孔巢父在奉命招安农民起义领袖李怀光时，被李怀光的部下杀害，其儿子孔瑛接任他的职位。

"安史之乱爆发，孔瑛在战乱中无法回归山东曲阜故里，带着妻儿老小十余人在如今的平江县鲁德山安下家。"浏阳孔氏族人孔平舟介绍。明洪武六年（1373），孔子的第55代世孙孔靖安等人从平江迁至浏阳达浒，渐渐繁衍壮大。"到明万历十四年（1586），族中男丁超过几百人。经山东曲阜的孔氏宗族认定，浏阳孔氏为孔子正宗，遂获准建立孔氏家庙。"

"曲阜的衍圣公委员曾到浏阳催修谱牒，县衙因此对我们孔氏实行系列优免政策。"浏阳孔氏族人孔祥瑞自豪地说，"这些事情都被刻成了碑文，代代传颂。孔子嫡系子孙60户13派108支，我们是13派之一，称浏阳派。"

修复后的浏阳达浒孔氏家庙

"族谱记录了家族的发展脉络,是家族的根。"在孔平舟看来,始建于公元 1586 年、于 2005 年被列为长沙市文物保护单位的孔氏家庙,更是家族的精神阵地。"家庙当时占地面积有 2000 多平方米,2009 年修复时只有大成殿和五王殿的一角保留了下来,还有一块破损的清代优免碑文。"

"浏阳孔氏家庙有很高价值,对研究孔氏家族、儒家文化的传播具有重要意义。"孔子研究院副院长孔祥林对湖南省目前发现的这座唯一的孔氏家庙给予了高度评价,"孔氏家庙不同于文庙,是孔子嫡系后人祭拜先祖孔子的地方。"

"每年正月初一,我们家族都会在这里举行团拜,引导年轻一辈们学习家规家训。"孔平周指着墙上的《家规十则》一一介绍,重孝悌,睦宗族,和乡里……

孔平舟介绍,几百年过去,浏阳孔氏家族人才辈出,这与孔氏族人坚持儒学治家的精神分不开,也与孔氏严格的家规家训分不开。

这其中，近代最负盛名的是其第 71 代世孙、1913 年任湖南一师校长的孔昭绶。

　　直到今天，孔氏族人始终以家庙为精神阵地，秉持礼治，上为下表，一如既往地传承着儒家精神的仁德大义。

戒赌文成　家风规正

——浏阳澄潭江陶氏《戒赌文》传承百年的故事

在浏阳澄潭江镇槐树社区，陶氏族人都知道，赌博是五毒之首，是万恶之源。而这种高度共识的形成，与陶氏先祖陶良瑜写于两百多年前的《戒赌文》不无关系。

据陶氏族谱记载，明朝嘉靖二十八年（1549），陶姓始祖显佛公由江西迁徙至浏阳市澄潭江镇。经过各代先祖勤劳创业，陶氏家族在清朝康熙年间，子孙繁衍，家道渐昌。

"饱暖思淫欲。"正因为如此，族中却渐渐有不少人沾染上了赌博恶习。输光了家财后，赌徒们又纷纷卖田换赌资。不久，祖先积攒的四十余亩田地便被尽数输光，陶氏家族变得一贫如洗。

陶氏七世祖陶良瑜，清雍正甲辰科进士，授四川成都府金堂县正堂，江中仁寿县两邑知县。对家族变故，陶良瑜看在眼里，急在心里。清雍正五年（1727），陶良瑜写下《戒赌文》。

"《戒赌文》开篇即说：'赌者，亡身丧家、奸盗贼害之所由起也。'"陶氏族人陶久觉介绍："写这篇文章的七世祖陶良瑜认为，赌徒鬼迷心窍，不惜以父母妻室儿女的生计和性命去作赌注。赌场

浏阳澄潭江陶氏祠堂内景

上没有真正的朋友，为了私利，不论辈分，不讲情谊，什么法度、常规、伦理一概置之度外，败坏风俗由此而生。一旦陷入赌博，能使穿着华丽的少年转眼寒酸度日，能使聪明俊秀的人堕入迷途，能使有为之士顷刻变成木偶人。"

据另一位80岁的陶氏老人陶宗瑜介绍，《戒赌文》写后不久，陶氏八世祖陶光锋之妻余氏即号召"光"字辈族人成立了戒赌会。"最初每家以3斤稻谷入会，每年结算一次。一年内，家中没有人参与赌博的，就可以获得稻谷4斤半。如果有人赌博了，不仅没收交出的稻谷，赌博之人还会被抓来打屁股。"在此制度下，陶氏之前因赌博败光的田地逐渐收回，不到二十年，已积攒良田80余亩。

除了戒赌会，陶氏每年清明、冬至还会在宗祠召开大会，宣读《戒赌文》就是其中一项惯例，还会商量对恶劣赌徒的处置办法。新中国成立以后，家族的私法、私刑废除了，但陶氏宗祠会议惩恶扬善的主题没有改变，"批评教育为主，还是能起一定作用。"陶宗瑜老人如此介绍。

《戒赌文》不仅对陶氏家风的扭转起到了重要作用，也影响到了周边地区。清光绪十四年（1888）七月，当时的浏阳知县还主持设立了一块石碑，上面就引用了陶良瑜《戒赌文》部分内容。

近年来，陶氏族人为了抑制赌博现象，又专门成立了戒赌会，并设立了奖惩制度。每年家族成员齐聚祠堂时，同样会由族长宣读《戒赌文》，以期警钟长鸣，规正家风。

书香门第　翰墨相承

——浏阳太平桥邱氏的家风传承故事

浏阳太平桥镇韩家村韩家港，浏阳河畔，有一座老旧的徽派风格建筑面水而立，这就是浏阳当地有名的邱家大屋。经历两百多年的风吹雨打，当年的邱家大屋已不见全貌。而据当地村民讲，清乾隆年间历时三年建造的邱家大院，原有房屋三百六十余间。新中国成立后，这里办过小学、做过粮仓，直到 20 世纪 70 年代，才随着住家的搬迁而逐渐荒芜。

"邱家大屋又叫'皇封院'，落成于乾隆五十八年（1793）。据传，我的先祖与乾隆皇帝在江浙偶然结交，大屋曾被赐红门、金匾。"邱氏后人邱先坦介绍，他也是从父亲口中听说这一段传奇佳话的，"我的先祖通音律，博览群书，与乾隆皇帝同游名胜古迹，评诗论对，说古论今，很受赏识。"

据说，邱氏先祖曾与乾隆皇帝同桌吃饭，同室就寝。其先祖起先并不知对方是乾隆皇帝，分别时，乾隆皇帝多次邀请邱氏先祖进京，未得到允诺。邱氏先祖归乡数月后，却收到乾隆皇帝的圣旨和封赐。"虽然先祖考虑老母在堂而没有进京为官，却被尊称为布衣公侯。

现存邱家大屋局部图

当时过往官员经过邱家大屋，都会下马步行。"邱先坦认为，其先祖作为一个读书人，这其实已经是莫大的荣耀。

年逾古稀的邱先坦，数年前曾根据记忆，绘制了邱家大院的复原图。如今的邱氏族人，只能凭复原图遥念邱家大院。所幸的是，凋零的只是老屋，邱氏书香家风却代代流传。

"从我记事起，父亲晚上常常教我们兄妹四人读'四书五经'。"邱先坦回忆道，"刚开始只是背诵，后来父亲才开始解释字句的含义，我由此也懂得了'忠孝仁义'四字的含义。"

"我们邱家的家训里有这样的话：子弟不读书，好比无眼珠；家有千金，不如明解经书；有书不读子孙愚，有田不耕仓廪虚。"在邱氏族人邱承熙看来，通过自己身体力行，将家训内涵一代代传承下去，是每一位邱氏子孙义不容辞的责任。

"二百多年前，我们邱氏族人邱之稑复原了早已失传的古乐器

'匏'，并著述《律音汇考》，使浏阳古乐名冠全国。现在的邱少求，则是目前国家级非物质文化遗产浏阳文庙祭孔古乐的唯一国家级代表性传承人。"提起当下家族里面的名人，邱承熙也很是骄傲和自豪。

悬壶济世　仁术仁心

——浏阳正骨世家江氏的家风传承故事

浏阳社港的浏阳市骨伤科医院，每天都要接待几百名患者。这其中很多患者来自市外省外，都是慕江氏祖传"正骨术"之名而来。

江氏令世人赞叹的不仅是医术，还有其扶贫救

浏阳江氏正骨术传人江林

苦的仁心。四代从医，每一代都从上一代的言传身教中汲取养分，努力为下一代树立榜样，医术、家风就这样得以代代流传。

名列湖南省非物质文化遗产名录的"江氏正骨术"，发源于清朝末年，由江氏族人江丕佑始创。作为"江氏正骨术"的第三代传人，江林则是将其发扬光大的集大成者。他在继承祖传复位手法的基础上，创造了"牵引穿针""竹弓牵引"等治疗方法，研发了疗效显著的治伤散、治伤药液、活血散等国家专利药物，形成了一整套完

整的中医理论，其中尤以手法复位、小夹板固定、中药内服外敷为特长，成功治愈了成千上万的骨伤病患。

每天早上五点多前往病房查房是江林多年的习惯，尽管现年已60多岁，他依旧如故，平均每天接诊80人次左右。遇到重大手术或疑难手术，他还坚持亲自上阵。

"你这个是旧伤，原先断裂的地方没有完全愈合。只需要做一次复位，敷药后回家配合服药就能痊愈了。"密密麻麻的人群中间，江林医生正举着一张X光片认真端详，他身边的中年女子连声致谢后，拿着处方离开了。

"我从小跟着父亲学医，父亲的一言一行都深深地影响了我。为了降低医疗费用，他钻研出用杉木皮及灯芯草作内垫为患者进行固定。他对当时修洞庭湖的民工、军烈属以及贫困患者，一律免收所有费用。"江林回忆道，"他还常常对我说起祖父行侠仗义的种种事迹。"

江氏正骨术经江林之父江述吾发展，传至江富昌、江林、江晓三兄弟，再至江涛、江永革等人，已有百余年历史。和正骨医术一同传下来的，还有江氏先祖的三句话："习武防身，学医济世，扶贫救苦。"

对于医生的身份，江林有着自己的理解，"身为医生就要减轻病人的痛苦，包括身体和经济两方面的。能不开刀就不开刀，能不住院就让他们回家调养。谁都应该能看病，不能因为没有钱就要忍受病痛。"

同一间办公室里，办公桌的另一边，儿子江涛也正在坐诊。对于父亲江林的话，江涛深表赞同："生命面前人人平等，做医生就要有一颗仁爱慈悲的心，病人利益应摆在经济利益前面。"

在民间，一直流传"江氏医术不传外人"的说法。而江林则一直强调："选择传承人，我把品德作为第一标准。为医先为人，我们必须坚持。"关于医生的仁德，江林一直注重三点：以病人为本，急病人之所急，想病人之所想。"医术可以通过勤学苦练精进，医德却是难以改变的。"

子承父业，对江涛而言是件顺理成章的事情。他在深感自豪的同时，有时更流露出一种沉重的使命感："我时刻警惕，在选择合作团队的时候，秉承'道法不传无义子'的祖训，这其实也是我重如泰山的责任。"

传承祖业　恪守祖训

—— 浏阳北盛打铁世家于氏的家风传承故事

　　捞刀河水，穿北盛而过，成就了载入史册的漕运和北盛仓，也滋生了有名的北盛仓钢火。最繁华时，当地从事打铁行业的达两三百人，营业的铁铺有数十家，所制器具远销新疆、广东、湖北等地。在现代机械的冲击下，传统手工行业普遍凋零，北盛的打铁铺如今仅剩下几家。于氏铁铺，则是其中的坚守者之一。

　　于家的铁铺，最早可以追溯到1866年出生的于家先祖清凤公。他生于永安，为谋发展迁到北盛。据于氏族谱记载，清凤公铁艺超群，与人为善。因此，一位名叫伍庚山的乡绅给他的铁铺赠送了招牌——"于仁顺"，从此于氏铁艺闻名乡邻。

　　于家第四代打铁人于建功是铁艺的集大成者。"修湘东铁路的时候，祖父所在的铁业社负责其中的构件铸造，他夜以继日、废寝忘食地赶工。"于氏铁艺传人、也是于氏铁铺现在的主人于跃回忆道，祖父因此得了胃病，但他毫无怨言，"国家需要的时候，我们就应该出力"。

　　于氏铁铺一直位于北盛老街的一条里巷，门前的墙上，现在依

浏阳北盛打铁世家正在锤打铁器

然刷着"柒炉，于建功铁店"几个大字。新中国成立后，于家祖传

铁铺曾被并入公营铁业社，编号第7号炉。到80年代初恢复私营至

今，"于建功铁店"的名号也沿用至今。

"二十多道工序，每一道都不能马虎。"于跃33岁，跟着父亲

于兆明学打铁已有十余年。铁块在高温炉火中烧得通红，于跃快速

将其夹出，正反面、上下重力捶打，再夹出、回炉、击打，一时间，

火星四溅……数遍公式化的轮番捶打后，刀具粗具模样。再经过几道工序，直至滚烫的刀面上烙下"于"字灯印，又一把"于氏"菜刀便打造成功。

"用的钢材不能含太多杂质，火候也很关键。"于跃说，于家打铁有一百多年了，历代传人在技术和工序上都严格把控。"包括最后用于打磨的石头，都要精选那种优质的粗麻砥石，否则会影响铁具的质量。"

囿于传统工业的人力局限，"于建功铁店"每天的铁器产量有限，但于兆明、于跃父子却以仁义和诚信坚持着自己的"慢节奏"。

在抗日战争时期，于家曾制过马刀、匕首等兵器支援抗战，但在和平年代，这是于氏禁忌。"祖父说过，打铁虽然是社会底层的手艺，里面也有大道，仁义之心不能忘，昧良心的事不能做。"近年来，上门定制铁器的很多，但有违祖训的，于跃都会毫不犹豫地拒绝。

"我和父亲都秉承了祖父的教诲，诚信做事，兢兢业业。"于跃说，近年来，本地打铁行业很多店铺相继歇业，但他们凭借着炉火纯青的技术，让于氏铁铺得以世代相传。

硕儒父子　垂范千秋

——张浚张栻父子家风相承的故事

葬于宁乡巷子口大沩山下龙塘的张浚，据载是汉代张良的34世嗣孙，字德远，号紫岩，原籍西蜀绵竹（今四川省绵竹市），生于绍圣元年（1094），北宋政和八年（1118）进士及第。他辅佐过南宋高宗、孝宗两代皇帝，史书称他"四岁而孤，行直视，无狂言，识者知为大器"。

张浚任枢密院知事时，正金兵南侵。他力主抗金，并亲自挂帅上阵。南宋绍兴五年（1135）担任宰相，统帅岳飞、韩世忠等名将抗金卫国。他运筹帷幄，用兵如神，有张良辅佐汉高祖之遗风，常大败金兵。宋史上评价他："时论以浚之忠，大类汉诸葛亮。"绍兴七年（1137），因奸臣陷害，朝廷昏庸，张浚被贬永州。《宋史》记载："浚去国几二十载，天下士无不肖，莫不倾心慕之，武夫健将，言浚者必咨嗟叹息。至儿童妇女，亦知有张都督也。金人惮浚，每使必问浚安在，唯恐其复用。"

绍兴三十一年（1161），张浚被重新启用，封魏国公。隆兴元年（1163）出兵破金。因当局干扰，指挥难于统一，以致战事相继

宁乡巷子口张栻墓园

失利。第二年，张浚罹患重病，以致不起，弥留之际，仍念念不忘报国，遗言给儿子张栻道："吾尝相国，不能复中原，雪祖宗之耻，即死不当葬先人墓左。"张浚死后，儿子张栻将其葬于宁乡沩山南麓的罗带山下之龙塘山坳。

张浚高尚的爱国精神和崇高气节，潜移默化地影响着后人。他对子孙的要求十分严格，教育儿子要勤读圣贤之书，时刻廉洁奉公，起居俭朴，不能半点松懈。其儿子张栻，字敬夫，自号南轩，世称"南轩先生"。张栻幼年始师事理学家胡宏，刻苦学习，得所传理学，与当时著名学者朱熹、吕祖谦齐名，时人并称"东南三贤"。张栻年轻时曾为其父参赞军务，累官至吏部侍郎、右文殿修撰。宋乾道年间（1165—1174），先后在岳麓书院讲学多年，力主"明理居敬"，继承和发扬了理学精神，成为湖湘文化成熟阶段的杰出代表。

张栻死后亦葬于龙塘，陪侍父侧，故此地被后人称作官山，张浚、张栻父子墓如今已被列为全国重点文物保护单位。

张氏父子去世后，其族人来宁乡守护墓庐，遂在宁乡繁衍子孙，成为宁乡张氏之重要一支。张氏父子的子嗣们一直以先祖的道德风范传示族人，也以先祖故事引为骄傲，张浚、张栻父子家风得以垂范千秋。

状元家风　惠渥乡闾
——南宋状元易祓的家风传承故事

易祓（1156—1240），字彦章，号山斋，宁乡巷子口镇巷市村人，南宋中后期著名学者。易祓于宋孝宗淳熙十二年（1185）释褐状元，官至礼部尚书，为宋孝宗、光宗、宁宗、理宗四朝重臣，被理宗封为宁乡开国侯。

易祓出生于一个典型的耕读家庭，祖父易妙、父亲易几先经常教育易祓兄弟刻苦攻读、正直为人。易祓少年时牢记祖辈教训，加以天资聪颖，读书过目不忘，8岁就会吟诗作对，15岁通晓四书五经，有"神童"之称。

易祓积极主张抗金，和陆游、辛弃疾等都是主战派大员，但是被投降派代表史弥远所不容，趁开禧北伐失败之机，把主战爱国大臣清洗革职。易祓和陆游等都以"党韩改节"的罪名被贬职。易祓被贬到广西全州、融州先后十年。易祓在贬所致力于少数民族地区经济发展，为官清正，爱惜民力，深得民心。

易祓自己刻苦攻读的同时，还时时不忘教育三个弟弟和子侄后辈勤奋读书，并写下《识山楼根本论》和格言警示后代。易祓中状

宁乡巷子口识山楼旧址

元后的四十四年里，在他的教育和影响下，他的三个弟弟、两个儿子及侄子、侄孙及女婿罗仲孺、外孙罗颖等共有十二人先后中进士。兄弟子侄相继在朝为官，一时传为佳话，他的家乡巷子口也被人们称作"世科里"，也就是世代出读书人的地方，这个地名一直延续到民国年间。

据易氏家谱记载，易祓秉承祖训，效司马光拒绝纳妾，一生始终是一夫一妻。他的谆谆教导和身体力行，也深深地影响着他的子侄们。两个儿子易霖、易霂及众多侄子都为官清廉，也没有一个纳妾的。

易祓60岁回家乡，筑"识山楼"以居。"识山楼"取苏东坡"不识庐山真面目，只缘身在此山中"之意，并专门作诗"山外如何便识山，白云出岫鸟知还。更看面目知端的，却在先生几格间"。易祓在"识山楼"潜心研究"易学"，经过漫长的"经学苦旅"，著有《周易总义》30 卷、《周官总义》30 卷，以及《易学举隅》《周礼释疑》《禹贡疆礼记》《汉南北军制》《山斋集》等。易祓在文学上的造诣也很深，他和夫人萧氏都有文章和诗词传世。

易祓乡居数年之后，至 1225 年理宗即位，年近古稀时得到平反，被重召入京，授职为朝议大夫，封为宁乡开国侯，食邑千户。南宋嘉熙四年（1240），85 岁的易祓在故里病逝。宋理宗念他一生对朝廷的贡献和坎坷经历，传旨厚葬，并亲撰祭文。

易氏家风的影响不仅仅在于他们家族，也影响着当地。明成化六年（1470），宁乡知县胡明善为激励学子，还在县衙前建起了状元坊。直到现在，"宁乡人会读书"还一直为世人称道。

急公好义　合族同心

——宁乡黄材姜氏千载修桥的故事

地处沩江上游的黄材镇，曾经被称作黄木江。据说早先这里是竹木集散之地，每当春汛来临，四面大山里的竹木就从各个小支流放排出来，漂满一河，看上去只见黄黄的一片，于是人们就把这里叫作黄木江，直到后来才改成现在的"黄材"。同时山洪暴发时冲出一些泥沙，也使沩江河水变黄，因此旧时这里还有"小黄河"之称。

黄材集镇的沩江之上有座桥，早年一直被叫作姜公桥。为什么叫作姜公桥呢？因为这是一座始创于黄材姜姓始祖姜厚德、由姜姓一族建造并一直维修下来的千年古桥。为了彰显姜氏功德，这座桥被人们称为姜公桥。

姜厚德，字流光，江西吉州太和人，是一个后唐进士，官至大理事评事。旧县志称，后唐庄宗同光二年（924），姜厚德是衔诏移民而至黄材的。民间传说，姜厚德当时用车子装载了一些物什，身上还挂了一块牌子，原是毫无目的地行进，看走到哪里身上的牌子坠地，就到哪里安家。后来牌子在黄木江坠地了，他便在这里安下家来，繁衍子孙。

那时候的沩江河上没有桥，上宝庆（今邵阳），出安化，本地居民往来，都苦于河水阻隔，交通困难。姜厚德先是发动族人捐献，建起了义渡，并置买义田维持义渡的日常开销。接着又搭建了木桥，尔后见木桥不甚坚固，年年要修复，便进一步建成了石拱桥。桥建好后还要适时维修，这维修的费用也是族人捐献。修桥筑路是行善积德的事，姜氏族上一脉传承。桥修好了又坏，坏了又修。到了清朝时，当地的沈氏人丁兴旺，便要求也出一点钱来修桥，但被姜氏婉言谢绝了。他们认为祖上人少修得起桥，如今人多了，反倒要外姓出钱，那样还对得起祖先吗？姜公桥就这样由姜氏族人义务维修了一千多年。

1935年7月是姜氏最后一次修复此桥。族众共捐银5430余两，历时近一年，到1936年正式完工，共费银5000多两。全桥长75.74米，宽3.62米，墩高4.84米，九个石墩，八个桥洞，中间一墩还建有化字亭，桥东西两端各立一狮一象，并镌刻有诗词碑记，成为当地一大景观。其中以四季写桥诗尤有特色，如其《桥春》诗曰："春雨奔流石渡溪，石桥新建尽留题。遥知渭水龙蟠笋，会见

今日姜公桥

唷江鲤跃低。碧草绿波花月夜，白沙黄菜钓鱼矶。我来便似登台乐，柳色青青送马蹄。"

新中国成立后，为适应交通需要，姜公桥改为了公路桥，彻底结束了姜氏合族修桥的历史，但姜氏祖先急公好义的品德却一直在族人中传承，亦为当地百姓所传颂。

梅雪情操　义方课子

——宁乡黄湘南遗孀刘氏的家风故事

宁乡道林人黄湘南，年轻时入庠学，游学杭州，不幸暴病身亡。他的妻子刘光绮，是通道县教谕刘光炜的女儿，知书达礼。嫁来黄家后，与丈夫情深意笃，夫妻经常写诗唱和，琴瑟和谐。丈夫一死，留下两个幼子黄本骐、黄本骥。刘光绮悲痛欲绝，只得将自己的嫁妆全部卖掉，辞退家里的仆人后，将丈夫安葬了。

因为家庭的全部负担都落到刘光绮的身上，她只好带着两个幼子黄本骐、黄本骥回娘家居住，并且一住就是二十多年。每天从早到晚，里里外外、勤勤恳恳操劳家务，纺纱、绩麻、织布，没有一天松懈。她还亲自教育两个孩子读书，要求十分严格。

孩子们一天天长大，刘光绮就选择学识渊博、品德又好的老师教育他们，要求孩子所交的朋友也必须是德才兼备的读书人。她每晚到深夜都正襟危坐，亲自检查考核孩子们的学业。两个孩子外出读书，她就将"家训"写在纸上，用线缝在衣带中，要他们随时随地拿出来看，警告自己不能懈怠。

本骐、本骥兄弟谨遵母命，严格要求自己，刻苦攻读，不到几年工大，品行、学业都有很大进步。嘉庆戊辰（1808）年，本骐乡试考中举人。本骥也名列副榜，准备再考。兄弟俩都住在城外小馆子里，因为这样比较节省，花费较少。

兄弟俩自己非常节俭，但对贫困者却慷慨大方，尽力救济别人。曾有个沈秀才，性格孤僻，不合群，年老无子，一人流落到长沙，与黄本骥交往深厚。沈秀才病得很厉害，临终前对本骥说："不想客死在外，能不能到你家去。"本骥兄弟告诉母亲，刘光绮马上叫两个儿子将沈秀才抬到家里，不到三日沈秀才就死了，刘光绮叫黄本骥主持丧事，并择吉地安葬。

黄家兄弟所到之处，各地达官显贵、社会名流都争相延请，称赞兄弟有如此美德，贤母教子有方。刘光绮75岁去世后，朝廷表彰其贤德，建贤德坊以示纪念。

刘光绮生前不但教子严格，自己也刻苦学习，诗词作品不少，

今日道林古镇

但大都散失，只有几首诗歌流传。其所作《梅雪》一诗云："梅花冰雪赋同居，一样情操命不如。冰雪化为流水去，梅花偏向岭头舒。"看似是以梅雪为题赋诗，实际上也是以梅雪自喻。

相夫教子　懿德千秋

——宁乡唐氏勤俭孝廉的家风故事

　　宁乡赤塘（今属宁乡夏铎铺镇）读书人唐志文，忠厚诚实，受到乡里称道，尤其是教育子女有方。他不重男轻女，对女儿的教育和儿子一视同仁，从小就教她四书五经，让她懂得孝道，勤俭持家。女儿在父亲耳濡目染的熏陶下，很是懂事，知书达礼，深明大义，15 岁嫁给同乡人周策为妻。

　　周策虽然也是个饱读诗书的秀才，但不会经营，家道贫穷，常常因无米而断炊。唐氏嫁来后，从没怨言。作为一个大家闺秀，一切农家粗活重活，她都亲自动手。进山砍柴、入园种菜、在家舂米、汲水、洗衣、做饭、饲养牲口，无所不干。尤其是照顾婆婆周到，以便于丈夫周策专心读书。后来婆婆去世，公公续弦，娶了一个后母，唐氏对后母的事奉也毫不逊色，极尽做儿媳的应有责任。

　　周策后来乡试考中举人，在外做官十多年。其家境虽然好了些，但唐氏却简朴如初，独自撑持门户，买了几十亩水田，每年都要亲自去请人耕种和收割。在将粮食收获入仓后，她就在家里带领女眷们纺纱织布，做衣服，把家里管理得井井有条。

云南巡抚周采墓

丈夫周策调到广西贵县任县令，唐氏随夫上任，但是她每天都惴惴不安，总担心自己会有管不住自己的时候，为家庭小事使丈夫顾及私情而误了大事，玷污了丈夫的名节。她常对丈夫的同僚和上司说："我好比时时捧着一碗满满的水不敢有丝毫分心，总担心一旦有事就无法挽回了，也不知自己这是怎么的，会经常有这种思想顾虑。"

她在县衙里住不惯，最终还是回了老家，仍穿着粗布衣服，干起农家妇女的粗活，在家教子带孙，不改初衷。唐氏的大儿子周采受父母影响，刻苦读书，不敢有丝毫松懈。明嘉靖八年（1529），就在唐氏回老家的第二年，儿子周采考上进士。报捷的人到了，唐氏还在菜园冒雨种菜，对儿子的高中处之泰然，未见喜形于色。后来儿子到朝廷当了京官，周家更加显赫了。唐氏的丈夫和儿子都是朝廷命官，按理她是名副其实的贵夫人了，但唐氏的俭朴习惯和大度性格一如既往，对儿子甚至对丈夫的要求也十分严格。儿子要迎接母亲到京城居住，她拒绝了，儿子没有办法，只好经常派人送一些东西或钱财给母亲。唐氏每次都告诫儿子："我一生过惯农家生活，粗茶淡饭是最好的，要这些贵重的物品又有何用？你在朝廷为官一定要注意廉洁奉公，为朝廷办好差，为老百姓造福，这就是送给我的最好的礼物。"

唐氏一直住在老家宁乡，即使年老仍然坚持纺纱织布，不愿意休息一会。儿子回家见母亲这样辛劳，总是劝母亲多休息，静心休养。可是唐氏却一再教育儿子："我不要什么安乐享福，自己能做就做些事，吃的穿的最普通的就是最好的。好逸恶劳，贪图享受是最使人走上邪路的，你千万要记住。当年你父亲当县令时，他也是从早到晚忙于政务，生活也是那样简朴，他的一生清白，就是过这样普通的生活得来的，你切不可丢了你父亲和周家的优良家风。"

儿子听到母亲教诲，更加诚惶诚恐，也从此打消了贪图享乐的想法。官虽越做越大，但始终以清廉之名为同僚所称道。

恪守家风　倡建公学
——陕西巡抚刘典的家风传承故事

刘典（1819—1878），字伯敬，号克庵，宁乡枫木桥十亩丘人。刘典出身耕读人家，自小读书务农为本，后从军入伍。清咸丰年间（1851—1862），刘典清剿了罗仙寨"斋教"会党，后投入湘军，任职左宗棠部，与太平军作战，转战江西、浙江、安徽等地。后因军功逐步升迁，直至浙江按察使，次后又任陕西巡抚、甘肃巡抚。在陕甘任内，因筹集粮饷支援左宗棠西征，收复新疆颇有劳绩，受到朝廷嘉奖。而刘典有此成就，与他受到的家教息息相关。

刘典的父亲名叫刘智新，承上代传统，家教十分严格。虽然家庭并不富裕，但他选择了很好的私塾送儿子读书。每次儿子下学回家，他都要细考其功课。

刘典母亲萧氏也十分勤劳，汲水种菜，粗细工夫无所不能。她自己生活十分节俭，但对别人却大方丰厚。道光己酉年（1849），湖南多地发生饥荒，萧氏就发动全家大小挖野菜，并种一些杂粮充饥，而拿出粮食去救济灾民。

刘典官至巡抚，俸禄不菲，但萧夫人还是常常告诫家人："我

今日宁乡云山书院

们刘家一直贫困，过惯了苦日子，现在有点福气，都是祖宗荫庇，千万要惜福。"

刘典听从母命，拿出节约下来的钱，给乡里买了公田，建了粮仓储存积谷。一旦发生灾荒，就用积谷赈济灾民。刘典还热心"义学"，曾向宁乡玉潭书院捐书捐款。同治四年（1865），刘典回乡，见上宁乡一带学子就读困难，于是倡议在水云山下修建云山书院。接着，他又倡议创办了驻省沩宁试馆，取名"望麓园"。

建云山书院时，刘典先与曾敬庄、罗翊、潘夏亭、王霖等耆宿商量，一边自己积极出资出力，一边倡议民众支持，四方求助，很快得到了邑人的大力支持。据民国《宁乡县志》载称，当时的盛况是"咸踊赴公，捐资相助"。

云山书院背靠水云山，山势雄伟巍峨。其宅基宽阔，占地7200平方米，建有正屋四楹。建筑古朴大方，有讲堂、文昌阁、先师堂等建筑，房屋达158间之多。院东半里处尚建有魁星楼，楼三层，高五丈。沩水流经楼西，有步云桥横卧其上。

云山书院的修建，大大地方便了上宁乡学子的入学就读，在当时算是一桩极大的功德。时至今日，云山书院仍为宁乡一景。

编辑出版说明

　　本书所辑长沙传统家规家训和家风故事，在各地收集、整理、上报的基础上，编者进行了一定的取舍，主要是考虑了内容的可取、字义的精准、去同存异、地域平衡等因素。同时，因其范围界定在"传统"，凡现代家规家训和家风故事，概未收录。

　　编者在对家规家训和家风故事进行辑注时，对其内容和文字进行了节选和删减，主要是留其精华与正面积极，舍其糟粕与负面消极。但纵使如此，个别家规家训为保持其相对完整性，难免仍然会有些内容不合时宜，还需读者加以批判性继承和创新性发展。

　　在编排顺序方面，地方排序严格以市委电话号码本次序为准。同一个地方的家规家训，主要以姓氏笔画为序；笔画相同的，以汉语拼音声母为序；声母相同的，以《百家姓》为序。同一地方的家风故事排序，则主要参考了故事人物影响、故事发生时间等因素。

　　传统家规家训历经岁月，存世原本就少，即使有，也往往被束之高阁，不轻易示人。因此，收集整理传统家规家训确有其难，本书的编撰也难免挂一漏万，只能留待日后修订时加以补充完善。

家风故事

182

本书的编撰参考了《楚沩家风》《望城湘江古镇群》淳风美德润浏阳》等书目，并得到了各区县（市）纪委、宣传部、文体局、文化馆等单位的大力支持，在此一并致谢。

编委会

2017 年 12 月

图书在版编目（CIP）数据

清白传家：长沙传统家规家训家风 / 中共长沙市纪律检查委员会，中共长沙市委宣传部，长沙市文化广电新闻出版局主编. —长沙：湖南人民出版社，2018.1（2018.10）

ISBN 978-7-5561-1928-8

I. ①清… Ⅱ. ①中… ②中… ③长… Ⅲ. ①家庭道德—长沙 Ⅳ.①B823.1

中国版本图书馆CIP数据核字（2018）第019936号

QINGBAI CHUANJIA——CHANGSHA CHUANTONG JIAGUI JIAXUN JIAFENG

清白传家——长沙传统家规家训家风

主　编	中共长沙市纪律检查委员会　中共长沙市委宣传部 长沙市文化广电新闻出版局
责任编辑	黎晓慧　吴韫丽
装帧设计	谢俊平

出版发行	湖南人民出版社［http://www.hnppp.com］
地　址	长沙市营盘东路3号
邮　编	410005

印　刷	长沙市雅高彩印有限公司
版　次	2018年1月第1版 2018年10月第3次印刷
开　本	787 mm × 1092 mm　　1/16
印　张	12.5
字　数	136千字
书　号	ISBN 978-7-5561-1928-8
定　价	56.00元

营销电话：0731-82683348　　（如发现印装质量问题请与出版社调换）